水溶性气藏出水机理及防水策略

黄小亮　戚志林　马勇新　等著

石油工业出版社

内容提要

本书系统介绍了高温高压水溶性气藏出水机理和防水策略，研究了凝析水含量和地层水中水溶气含量在水溶气性气藏中的变化规律，建立了天然气凝析水含量和水溶气含量的综合预测模型；研究了水溶性气藏应力敏感下孔隙形变特征、束缚水赋存状态变化规律以及多孔介质中水溶气释放对气水界面影响的变化规律，弄清了水溶性气藏多孔介质中的气水运移关系；同时建立了考虑多重因素的产水气井产能模型和气井积液风险的预测模型，分析影响气井产能和气井积液的主要因素；最后制定了典型水溶性气藏的防水策略。本书理论与实践相结合，建立了水溶性气藏的出水机理和防水策略的相关理论和方法，可解决如何合理利用水溶性气藏地层水中水溶气的能量，有效地防水和控水，改善水溶性气藏开发效果，为科学合理地开发此类气藏奠定一定的理论和技术基础。

本书可为水溶性气藏和有水气藏开发技术领域的科研人员、工程技术人员以及高校师生学习、借鉴和参考用书。

图书在版编目（CIP）数据

水溶性气藏出水机理及防水策略 / 黄小亮等著 . —

北京：石油工业出版社，2020.8

ISBN 978-7-5183-4067-5

Ⅰ . ① 水… Ⅱ . ① 黄… Ⅲ . ① 水溶性 – 气藏工程 – 水处理 Ⅳ . ① TE37

中国版本图书馆 CIP 数据核字（2020）第 100775 号

出版发行：石油工业出版社

（北京安定门外安华里 2 区 1 号　100011）

网　址：www.petropub.com

编辑部：（010）64523537　　图书营销中心：（010）64523633

经　　销：全国新华书店

印　　刷：北京中石油彩色印刷有限责任公司

2020 年 8 月第 1 版　2020 年 8 月第 1 次印刷

787×1092 毫米　开本：1/16　印张：11.25

字数：240 千字

定价：50.00 元

序

　　我国莺歌海盆地、东海盆地和四川盆地中深层发现的高温高压气藏地层水中均含有丰富的溶解气，溶解度可达 $22m^3/m^3$，属于典型的水溶性气藏。水溶气对于气藏开发起着双重作用：一方面水溶气释放会携带边底水侵入气藏，导致地层水过早入侵，气液两相流动引起地层气相渗透率下降和气井产能降低；另一方面水溶气释放补充地层能量，保持地层压力，抑制水体侵入，延缓地层水入侵。水溶性气藏开发过程中，地层水中的水溶气释放致使气藏水侵规律变得更为复杂，如何有效利用和控制边底水中水溶气的能量是实现该类气藏科学高效开发的关键所在。

　　《水溶性气藏出水机理及防水策略》一书通过对水溶性气藏出水机理和防水策略的研究，弄清了地层水中水溶气含量在水溶性气藏中的变化规律、水溶性气藏应力敏感下孔隙形变特征、束缚水赋存状态变化规律、多孔介质中水溶气释放对气水界面的影响规律以及水溶性气藏多孔介质中气水运移规律，建立了天然气水溶气含量的综合预测模型、考虑多重因素的产水气井产能模型和气井积液风险预测模型，分析了影响气井产能和气井积液的主要因素，提出了典型水溶性气藏防水策略。

　　本书理论与实践相结合，形成了水溶性气藏出水机理和防水策略相关理论和技术，可解决如何合理利用水溶性气藏地层水中水溶气的能量，有效地防水和控水，从而改善水溶性气藏开发效果，为科学合理开发此类气藏奠定了一定的理论和技术基础。

中国工程院院士

2020 年 6 月

序

世界上很多国家将水溶性天然气资源列为非常规能源，水溶气资源储量丰富，比常规天然气总储量大几十倍到一百倍，在全球很多国家都发现了丰富的水溶气资源。高效开发水溶性天然气资源，对天然气的供需矛盾和能源结构调整有重要的意义。

水溶性气藏在开发时随着气藏压力的变化，地层水中的天然气将从地层水中释放出来。因此，水溶性气藏开发过程中，除考虑地层水对气藏开发的影响之外，还需考虑地层水中水溶气释放对气藏开发的影响。然而在实际生产过程中，水溶气释放在多孔介质中如何对气藏产生影响，目前还很难判断，影响水溶性气藏的开发效果。

《水溶性气藏出水机理及防水策略》一书以水溶性气藏出水机理和防水策略为研究对象，介绍了地层水中水溶气含量在水溶性气藏中的变化规律、水溶性气藏应力敏感下孔隙形变特征和水溶性气藏多孔介质中气水运移规律，建立了符合水溶性气藏的数值模拟模型，提出了水溶性气藏防水策略。

该专著是以作者所在研究团队的实验成果、理论推导和数值模拟等为基础所撰写，结论依据充足，理论推导严谨，是水溶性气藏开发领域的新成果，该专著将会对水溶性气藏的合理开发起到较好的指导作用。

陈掌兒

加拿大卡尔加里大学教授
国际著名石油和天然气工程专家
加拿大工程院院士
2020 年 6 月

前　言

　　水溶性气藏是指气藏地层水中溶解大量天然气的气藏，开发时随着气藏压力的变化，地层水中的天然气将从地层水中释放出来。近年来，我国在莺歌海盆地、东海盆地和四川盆地等的中深层发现高温高压气藏地层水中含丰富的溶解气，气溶解度可达 $22m^3/m^3$。水溶气的释放将会携带水侵入气藏内出现气液两相流动，导致地层水过早入侵；同时水溶气释放后，也可能导致水体体积减小，延缓地层水入侵。然而，目前针对水溶性气藏气水在多孔介质中的变化研究较少，气水运移规律认识不清，开发中难以有效利用水溶气的能量和控制地层水侵入。因此，本书编写的目的就是希望通过对水溶性气藏出水机理和防水策略的研究，从凝析水、束缚水、地层水和天然气四个方面入手，建立一套适合于认清水溶性气藏的出水机理的新理论、新方法和新技术，认清水溶性气藏含水变化特征和多孔介质中的气水运移规律，提出水溶性气藏相关的防水策略，改善高温高压水溶性气藏开发效果，为科学合理地开发高温高压水溶性气藏，提高气藏采收率和经济效益奠定一定的科学理论和技术基础。

　　全书共分为八章，第一章系统分析了水溶性气藏开发的国内外研究现状，由重庆科技学院黄小亮、李继强和中国石油西南油气田公司勘探开发研究院李骞撰写；第二章论述了水溶性气藏凝析水在衰竭开发中的析出规律，由重庆科技学院戚志林、黄小亮、肖前华和中海石油（中国）有限公司湛江分公司马勇新、高达撰写；第三章论述了水溶性气藏水溶气含量的变化规律，由重庆科技学院黄小亮、戚志林、肖前华和中海石油（中国）有限公司湛江分公司刘鹏超、万小进撰写；第四章论述了水溶性气藏储层的应力敏感特征，由中海石油（中国）有限公司湛江分公司马勇新和重庆科技学院戚志林、严文德、肖前华撰写；第五章论述了水溶性气藏由于水溶气释放引起的气水界面变化规律，由重庆科技学院黄小亮、戚志林、莫非，中海石油（中国）有限公司湛江分公司马勇新和西南石油大学郭肖撰写；第六章论述水溶性气藏水体能量的评价方法，由重庆科技学院李继强、严文德、田杰和中海石油（中国）有限公司湛江分公司邓玄、刘鹏超撰写；第七章论述水溶性气藏气井产水对生产的影响规律，由重庆科技学院黄小亮、方飞飞、石书强和西南石油大学郭肖撰写；第八章介绍了典型水溶性气藏在开发中的防水策略，由重庆科技学院黄小亮、袁迎中、雷登生和中海石油（中国）有限公司湛江分公司马勇新、刘鹏超撰写。

　　本书在撰写过程中，参阅了国内外相关专业的大量文献，在此向所有论著的作者表示由衷的感谢！同时由于本书涉及的内容属于学科前沿，提出的新理论和新方法还需要在大量的水溶性气藏开发实践中进一步完善，书中如有缺点和疏漏，恳请各位同行和读者批评指正。

目 录

1 国内外研究现状

水溶性气藏是指地层水中溶解大量天然气的气藏。开发这类气藏时，随着气藏压力的变化，地层水中的天然气将从地层水中释放出来。我国在莺歌海盆地、东海盆地和四川盆地等的中深层发现高温高压气藏地层水中含丰富的溶解气[1-3]，如东方气田地层水中气溶解度为 22m³/m³，属于典型的水中富含溶解气的高温高压水溶性气藏。地层水中溶解的各类气体统称水溶气。水溶气的存在对高温高压有水气藏开发起着双重作用：一方面水溶气释放会携带底水侵入气藏内，出现气液两相流动，导致地层水过早入侵，引起地层气相渗透率下降和气井产能降低[4-7]；另一方面水溶气释放能补充地层能量，保持地层压力，抑制水体侵入，延缓地层水入侵。然而，针对地层水在水溶气的释放过程中，什么情况下气以非连续相存在于地层水中导致气水界面上升，上升多少？什么情况下气形成连续相析出到气区中导致气水界面变化，怎么变化，变化多少？都还没有明确研究。已有的研究成果及开发实践表明，由于高温高压水溶性气藏开发中影响水侵入因素的多样性和水侵机理的复杂性，目前还难以有效利用和控制底水中水溶气的能量，导致目前该类气藏总体开发效果较差。如何改善此类气藏的开发效果一直是困扰气田开发工作者的难点问题。

多年来，国内外学者开展了高温高压水溶性气藏的水侵渗流机理研究，提出了防水控水和改善气田开发效果的措施。但是高温高压水溶性气藏的开发，除考虑边底水对气藏开发的影响之外，还需要考虑地层水中水溶气释放对气藏开发的影响。高温高压水溶性气藏在衰竭开采过程中，地层水中水溶气释放对气藏水侵和气井见水都有影响，存在正如可乐效应的两种情况：（1）低压差下，水溶气析出类似于可乐静置状态下气体的缓慢析出；（2）高压差下，水溶气析出类似于可乐摇晃后，瓶内外在高压差下形成气液两相，打开瓶盖后压力瞬间释放，气相携带液相形成泡沫状物质喷射而出。因此，现场研究人员认为高温高压气藏底水中的水溶气释放可分为两个阶段（图 1.1）：（1）开发之初，压力下降较小，溶解气释放量相对较小，将以气泡等非连续相形式溶于地层水中，引起地层水膨胀，气水界面抬升；（2）随着开发的进行，压力下降到一定值以后，溶解气大量释放，将以气相连续相形式从地层水中析出，在重力分异作用下气水界面下降。然而，高温高压水溶性气藏实际生产过程中见水时间比预计要早，如莺

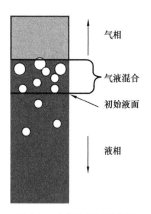

图 1.1　水溶气释放过程
中气液两相变化示意图

歌海盆地东方气田见水时间往往比预测的要早，这与高温高压气藏底水中水溶气释放将分为两个阶段先抬升后降低并不相符。那么，是什么原因导致气井见水过早的问题，就成了急需要解决的难点问题，因此研究高温高压水溶性气藏出水机理和防水策略就十分必要。

研究高温高压水溶性气藏出水机理并采取正确的防水策略有利于此类气藏的科学合理开发，提高气藏采收率和经济效益。气藏水侵是影响气藏生产最大也是最难以解决的问题，多年以来，国内外学者一致非常重视气藏开采过程中水侵机理和防水策略的研究，并取得了一定的成果。

1.1　气藏水侵渗流机理研究现状

1.1.1　宏观渗流机理

在有水气藏中高渗透带（含裂缝）是水侵入主要的渗流通道（图1.2、图1.3）。由于高渗透带和低渗透带、裂缝和基质渗透率差异大，水体侵入高渗透带或裂缝的速度比侵入低渗透带或基质的速度快得多。有水气藏开采过程中导致压力下降，水体会沿着高渗透带或裂缝快速入侵至气井附近。基质渗透率越低，高渗透带的水侵量越大，气井的见水时间则越早。此外，根据岩石的渗透性物理实验发现，储层裂缝、溶洞的裂缝连通和大的孔隙度储层是有水气藏水体的主要储集空间。由于水体储渗空间的分布不均匀，导致区块间水体能量存在差异，从而各区块的水侵动力也存在差异。水体储渗空间的分布不均匀使得水驱气藏开发和生产具有多样性以及水侵特征分析具有复杂性[8]。实际生产过程中有水气藏的水侵也是具有选择性的：水体的水首先侵入的是高渗透带的产层，主要原因在于地层水选择性地从流动阻力小的高渗透带或大裂缝流向压力相对低的井底，因此高渗透的产层是首先被水侵入的；在纵向上也会出现气水层互相交替和气水界面不连续也不统一的现象。

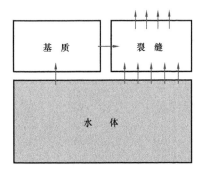

图1.2　裂缝型储层水体渗流通道

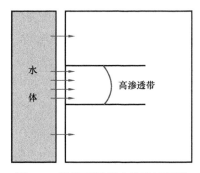

图1.3　孔隙型储层水体渗流通道

1.1.2 微观渗流机理

在孔隙模型和裂缝—孔隙模型中，气水两相渗流的主要特征是：绕流、卡断、死孔隙等原因在水驱气过程中形成封闭气[9-11]。绕流主要是在孔缝中渗流速度存在差异形成封闭气。

（1）孔隙模型：毛细管力的大小在不同孔道中存在差异，小孔道中的毛细管力较大，大孔道中的毛细管力较小。因此小孔道中水以较快的速度进入孔径，且小孔道中气体的体积较小，当气被驱替后，水在小孔道出口处迅速突破；大孔道中水的渗流速度相对较慢，当小孔道中的水发生突破后，大孔道中的气将被封闭起来（图1.4），形成封闭气。

（2）裂缝—孔隙模型：由于裂缝的导流能力远高于孔隙，水的侵入将沿裂缝绕流形成封闭气。即使在较低的压差下，水都会从较大的裂缝中优先侵入，并快速形成水窜，从而封闭微细裂缝和孔隙中的气体，形成封闭气。

两种模型中，贾敏效应也将导致卡断形成封闭气。

（1）孔隙模型：水沿孔喉表面流动，在喉道处产生水膜，使喉道变窄，造成贾敏效应，流动阻力增加，另外在黏滞力作用下气泡受到挤压，使连续流动的气流在喉道出口处发生卡断，由此形成以珠泡状分布方式存在孔道中央的卡断封闭气区。

（2）裂缝—孔隙模型：水气同时流动时，水沿孔隙和裂缝表面流动，气体在孔道的中间流动，在贾敏效应附加阻力作用下，在孔隙喉道变形部位和粗糙的裂缝表面气体流动会发生卡断现象（图1.5），形成封闭气。此外，孔隙盲端与孔隙之间的不连通也将形成封闭气，即使提高驱替压力，这一部分封闭气也是不易被开采出来的。

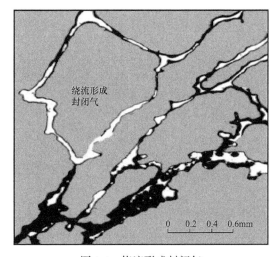

图1.4　绕流形成封闭气

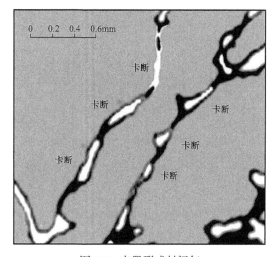

图1.5　卡段形成封闭气

1.1.3 水驱气藏水侵形式

水驱气藏水侵可分为两种基本形式：一是储层非均质性弱，储层表现出视均质特征，边底水大面积侵入含气区，表现为"水侵"特征；二是储层非均质性较强，生产压差使边底水沿高渗透带或裂缝较快窜至部分气井，生产压差越大水窜速度越快，表现为"水窜"特征。胡勇[12]等通过岩心实验和生产动态结合，对不同渗透率的致密气藏生产过程中含水变化规律进行研究，根据气水接触关系和水侵动态特征，可以将水侵模式划分为底水锥进型、底水纵窜型、边水横侵型和纵窜横侵复合型等四种类型（图1.6）。但对富含水溶气的高温高压有水气藏水侵还未具体研究，特别是地层水中水溶气释放对气藏水侵的影响研究尚处于起步阶段，因此有必要对高温高压水溶性气藏，水溶气释放对多孔介质中气水关系，特别是气水界面的影响规律进行研究，从而揭示高温高压水溶性气藏的水侵机理。

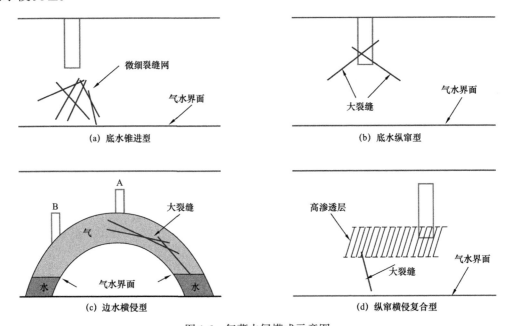

图 1.6　气藏水侵模式示意图

1.2　水溶性气藏天然气含水量变化规律研究现状

水溶性气藏中的天然气由于与地层水长期接触，导致天然气一部分溶解于地层水中，同时地层水一部分以水蒸气形态进入天然气中，因此对于水溶性气藏弄清水蒸气进入天然气中的量是非常必要的，目前针对天然气中的含水量的研究，主要从实验和理论模型建立进行了相关研究，并形成了相关图版。

1.2.1 实验研究方面

早在 20 世纪 80 年代开始，Karl 等[13]根据天然气中水与碘和二氧化硫发生化学反应的原理，对天然气中的含水量进行了测定，20 世纪 90 年代便制定了测定天然气饱和含水量的国际标准和测定方法，即电位滴定法和库仑法。到 21 世纪后，国内外学者对天然气含水量的测试和研究开展了大量工作。2008 年，杨芳[14]应用吸收称量法测定天然气饱和含水量，通过重复性验证，取得了较好的效果。Rushing 等[15]在高温高压下对含 CO_2 的天然气中饱和含水量进行了测试，结果表明随 CO_2 含量的增加，天然气的饱和含水量也不断增加，CO_2 含量从 5% 增加到 20%，天然气中的饱和含水量从 20% 增加到 40%，增加幅度可达 1 倍左右。Tabasinejad 等[16]在高温下（大于 150℃）对 CH_4、N_2 和 CO_2 的水蒸气含量进行了测定。Seo、Chapoy 和 Kim 等[17-19]在低温低压和低温中压（小于 40℃，小于 20MPa）的条件下通过间接法测试了富含 CO_2 和纯 CO_2 气相中的饱和水蒸气含量。张龙曼等[20]在低温低压下（小于 0℃，小于 13.8MPa）利用二极管激光吸收光谱法测定天然气中饱和含水量。近年来，Springer、Wang 等[21-22]在考虑水中的盐含量的影响情况下，在压力为 9MPa、温度低于 100℃下对富含 CO_2 气相中饱和含水量采用近红外分光方法进行了测定。总的看来，在实验方面，国内外学者做了大量工作，也取得了较多的研究成果，但针对高温高压水溶性气藏天然气饱和含水量的测定还比较欠缺，因此在研究水溶性气藏气水运移规律的过程中，针对高温高压下富含 CO_2 气相中饱和含水量的实验测定十分必要。

1.2.2 理论模型研究方面

常规天然气饱和含水量的计算模型，根据不同原理可分为：图版拟合模型、体系相平衡计算模型和拟合实验数据模型。天然气水—烃体系在不同温压条件下存在着气—液平衡状态，基于体系处于不同平衡状态可以获得天然气饱和含水量的计算模型。目前，体系相平衡计算模型的公式主要有：王俊奇[23]导出由水蒸气的饱和蒸气压计算天然气饱和含水量的饱和蒸气压模型公式，并根据拉乌尔定律对其中所含酸性气体及盐类进行了修正；Carroll[24]对计算水—烃体系平衡条件下天然气饱和含水量的理想模型进行了修正，使得使用范围可增加到高压情况下；Bukacek[25]利用温度函数对理想热力学模型进行修正，得到 Bukacek 公式。图版拟合模型的公式主要有：根据 Mcketta–Wehe 图版，拟合低温段的 Sloan 公式[26]、拟合高温段的 Khaled 公式[27]和数学模拟的宁英男公式[28]，以及 Bahadori 公式[29]；依据实验数据拟合的公式有：诸林公式[30]得到天然气饱和含水量与温度 T 成正比、与压力 p 成反比，Behr 公式[31]得到天然气含水量是 $\ln p$ 与 $1/(T+273.15)$ 的函数，Kazim 公式[32]对低温段（小于 37.78℃）和高温段（37.78～82.22℃）的天然气饱和含水量实验数据进行了拟合。

1.2.3 图版研究方面

20 世纪 50 年代，提出了较为经典的计算天然气饱和含水量的 Mcketta-Wehe 和 Katz 图版[33-34]。Mcketta-Wehe 图版是在天然气相对密度为 0.6，水为纯水条件下得到的，为一定温压条件下天然气饱和含水量最大值，计算天然气饱和含水量，仍需对含盐量和天然气相对密度进行校正，适用压力：0.1～100MPa，温度为 −51.11～137.78℃。2004 年，基于高温条件下的实验数据对 Mcketta-Wehe 图版进行了拓展，将其温度延伸至 148.89～204.44℃。Katz 图版适用温度为 −56.67～371.1℃，压力为 0.1～68.96MPa。总体看来，图版可以基本解决常规天然气含水量查阅的需求，但针对水溶性气藏还有一定困难。诸林等人[35]对计算酸性和非酸性天然气饱和含水量的公式化方法在不同温度范围内平均误差进行了分析，获得了各种模型的使用范围和适应性。但是针对水溶性气藏中天然气含水量的计算，并没有进行针对性的研究。

总的看来，在实验和理论方面，国内外学者做了大量工作，也取得了较多的研究成果，但针对高温高压水溶性气藏天然气饱和含水量的实验测定、图版分析和理论还比较欠缺，因此在研究水溶性气藏气水运移规律的过程中，针对高温高压下水溶性气藏中天然气饱和含水量的实验测定十分必要，且有必要通过实验分析获得针对水溶性气藏的天然气饱和含水率的预测模型。

1.3　水溶性气藏地层水中天然气的溶解研究现状

近年来，中国在莺歌海盆地和东海盆地等的中深层发现富含水溶气的高温高压气藏，储量大产量高，成为天然气开采的主要气藏类型之一。但天然气在高压或超高压地层的水溶气量，比一般压力地层的高数十倍[36-38]。前人[39-40]研究已经表明地层水中溶解气对气田开发的影响已经引起了开发界人士的广泛关注。溶解度是研究水溶性气藏地层水中水溶气大小最为关键的参数之一，其值的获取主要有两种方法：实验测试和热力学模型计算，其中最常用的方法为实验测试[41-43]。

天然气在地层水中的溶解度的研究主要从烃类气体和混合气体的溶解度计算模型入手。从 20 世纪 70 年代开始，就已经开始了烃类气体在水中的溶解度研究。Mather 等[44]提出在较窄的温压范围内的 C-M 模型计算烃类气体在水中溶解度；Scharlin 等[45]研究了在常温常压下，包括甲烷、乙烷、丙烷、丁烷、戊烷等 53 种气体在水中的溶解度，并讨论了分子表面和体积对气体在水中溶解度的影响。进入 21 世纪以来，Kiepe 和 Chapoy 等[46-47]通过实验测定了甲烷气体在水中的溶解度，并分别利用 PSRK 模型和 P-T 状态方程计算预测甲烷以及其他烃类气体在水中的溶解度；Spivey 和 Duan 等[48]提出了甲烷气体在含盐溶液中的溶解度 S-M-N 模型和热力学模型，有较宽温压的使用范围；Li 等[49]修改 PR 状态方程中的二元交互参数，提出一个改进的混合体系的立方型状态方程模型，

获得 CH_4、CO_2 和 H_2S 在盐水中溶解度；Sultanov 等[50-52]对不同烃类气体在蒸馏水中的溶解度进行了测试，结果显示甲烷具有更高的溶解度，研究认为影响水溶气溶解度的主要因素为温度、压力、组分和矿化度，同时获得了高温高压条件下富甲烷天然气溶解度随温度、压力和矿化度的变化规律[53-54]，探索了烃类气体的溶解机理[55-56]；郭平等[57-58]通过相平衡原理计算了水溶性气藏水溶气的溶解度，同时通过实验进行验证，并对水溶气溶解度的影响因素进行了讨论。综上看来，前人的研究主要围绕天然气在水中的溶解度和溶解机理而进行，并取得丰富的成果，但对于不同组分和不同储层条件下的天然气溶解度变化规律仍不太清晰[59]。然而异常高温高压气藏的天然气除含有甲烷为主的烃类气体以外，还含有部分非烃类气体如 CO_2 和 N_2，且部分气藏非烃类气体含量还较高[60-61]，因此对高温高压气藏中水体溶解度的研究是有必要的。

1.4 水溶性气藏气水运移规律研究现状

1.4.1 水溶性气藏应力敏感研究现状

水溶性气藏中储层敏感性主要表现为储层渗透率的下降。水溶性气藏储层敏感性往往是内部因素与外部条件共同作用引起的[62-70]。内部因素主要指水溶性气藏储层岩石骨架结构，包括岩石颗粒和充填物的成分与含量、岩石孔隙结构和孔隙内流体性质等因素。外部条件是指造成水溶性气藏储层微观孔隙结构或流体原始状态变化的各种外部工程条件。

一般而言，应力敏感性分为孔隙度应力敏感性和渗透率应力敏感性。孔隙度应力敏感性主要表现为孔隙度随有效应力的增大而减小，变化范围小于 5%，随地层压力变化将会更小[71]，实际应用中孔隙度随地层压力的变化常被忽略。渗透率应力敏感性是表征应力敏感的重要内容，常规是通过测试岩心室内流动实验，对储层应力敏感性大小进行评价。目前，应力敏感性实验方法主要有两种[72-73]：一是不考虑储层原始有效应力评价实验，二是基于原地应力的评价实验。由于储层岩心由地下到地面将引起应力状态发生改变，产生的形变只有部分恢复，导致不考虑原地应力的实验放大了储层应力敏感程度。而基于原地应力的实验更加接近储层实际条件，评价的结果将更加能描述真实的应力敏感性。基于上述的室内实验方法，国内外学者[74-83]进行了大量实验研究，既有常规岩样的应力敏感测试，也有含水饱和度对应力敏感的测试研究，在此基础上建立渗透率与有效应力之间的关系式，包括指数和幂律式等多种形式，用于表征应力敏感性引起的渗透率变化规律。然而，高温高压水溶性气藏一般物性较好，在衰竭开发过程中，由于地层压力下降势必会影响储层孔隙度和渗透率的变化。因此，水溶性气藏在应力敏感性研究过程中，既要研究孔隙形变特征，也要研究渗透率的变化情况。另外，束缚水占据储层空间，也会影响应力敏感的变化，因此测试过程中应综合考虑束缚水状态下的应力敏感性，真实表征水溶性气藏的应力敏感性。

1.4.2　水溶气释放对多孔介质中气水运移关系影响研究现状

高温高压时地层水中将会溶解大量的天然气，形成水溶性气藏，意味着天然气中将会有一部分以水溶相进行运移。目前开发水溶性气藏的国家主要为美国和日本[84-86]，我国对柴达木盆地三湖地区和莺歌海盆地等进行了试验性勘探开发[87-88]。高温高压水溶性气藏在衰竭开采过程中，由于地层压力的下降，导致溶解气的析出。然而，水溶性气藏开发过程中地层压力下降十分缓慢，研究发现，地层水中水溶气的析出将经历三个阶段：首先集结气核，其次形成气泡，最后形成连续气相[89-91]。因此，地层水中水溶气膨胀及释放将对气水的运移产生影响，主要包括气水界面、水侵强度和气井见水规律[92-96]，最终影响气藏的开采动态[97-100]，因此，对于高温高压水溶性气藏开采过程中引起的地层压力下降，导致水溶气膨胀对水侵作用的影响不可忽略[101-103]。然而气藏中气水关系在多孔介质中会如何变化，尚无明确结论。

目前针对气藏水溶气释放对气井见水的影响认为分为两个阶段：（1）开发之初，压力下降较小，溶解气释放量相对较小，将以气泡等非连续相形式溶于地层水中，引起地层水膨胀，气水界面抬升；（2）随着开发的进行，压力下降到一定值以后，溶解气大量释放，将以气相连续相形式从地层水中析出，补充天然气量，在重力影响下气水界面可能下降。然而，对于水溶气释放对气藏多孔介质中含水饱和度和气水界面是具体怎么影响的，对于考虑高温高压气藏衰竭开采中水溶气释放对气藏多孔介质中含水规律变化，目前都还未有具体的研究；主要原因在于，没有现成的实验设备研究水溶气释放对多孔介质中气水运移影响规律，也没有发现应用真实水溶性气藏物性进行数值模拟对在开发过程中水溶气释放对气藏的见水规律影响的研究，因此，有必要设计水溶气释放的室内实验和高温高压水溶性气藏数值模拟综合研究，探讨高温高压水溶性气藏水溶气释放对气藏的水侵和气井的见水影响规律。

1.4.3　水溶性气藏产水对气井生产影响研究现状

高温高压水溶性气藏生产过程中产水是必然的，根据有水气藏气井产水的研究，产水的类型分为三种：凝析水、外来水、地层水（孔隙水、局部封存水和边底水）[104-105]。不同产水类型的出水特征、出水量和规模各不相同，如何识别气井产水类型，有针对性地提出有水气藏的防水和治水措施，是合理开发有水气藏的关键[106-108]。

凝析水是在气藏开采过程中，由于温度和压力的下降而析出的水，开采过程中水气比较为恒定。

外来水是指在作业过程中相关的工作液，在气井生产时，压差的变化使水流动到井底，表现为初期产水量大，随后产水量逐渐降低，直至消失。

地层水包含孔隙水、局部封存水和边底水。（1）孔隙水：一部分为含水高于束缚水饱和度的部分，存在孔隙中为可动水；另外一部分为地层压力变化引起的岩石结构变形和束缚水膨胀，部分束缚水被挤压出来形成次生可动水。（2）局部封存水：在砂岩储层中容易出现，主要存在于层间高含水的薄水层，当压差达到临界压差时，在层内形成连通，局部封存水随生产产出。（3）边底水：气藏开采过程中，由于内压下降形成压降漏斗，当压力波及到气水界面时，边底水就沿着渗流通道侵入井底，当边底水锥进或推进到井底，气井则产水。

孔隙水、局部封存水和边底水产水特征的主要区别为：边底水突破发生在开发的中后期，出水具有区域性，常为边底水邻近井首先出水，产水量一般稳定且持续上升；局部封存水产水特征表现为气井逐渐见水，水量不大且出水量往往带有一定的波动，随着生产的进行，出水量下降，水气比值要比孔隙水水气比值大；孔隙水生产过程中水的含量渐增，水气比大于凝析水的水气比，总体保持低值。

根据有水气藏的产水类型（表1.1），通常而言，凝析水的生产水气比小于$0.05m^3/10^4m^3$；孔隙水生产水气比在$0.05\sim0.5m^3/10^4m^3$之间；局部封存水生产水气比在$0.5\sim2m^3/10^4m^3$之间；边底水生产水气比大于$1m^3/10^4m^3$。

表 1.1　不同出水水源的出水量与水气比标准表

项目	出水量 m^3/d	水气比 $m^3/10^4m^3$	备注
凝析水	<0.5	<0.05	出水量与产量同步变化
孔隙水	0.2～0.8	0.05～0.5	
局部封存水	2	0.5～2	存在波动
边底水	早期无水，中后期可上升到10	>1 并持续上升	上升幅度与距离和连通程度相关

国内外研究表明，影响有水气藏水侵的主要因素为地质和工程因素[109-112]。地质因素主要有储渗空间、裂缝和井底隔层等；工程因素主要有开采速度和生产压差等。

（1）地质因素方面。在非均质有水气藏中，由于储渗空间分布不均和水体能量不同，水侵路径选择渗流能力较强部位。存在裂缝的有水气藏，水侵路径容易沿裂缝侵入，导致无水采气期时间短，气藏的水侵量越大，气井的见水时间越早，另外，裂缝密度对气井产水的影响也较大，相同条件下裂缝的密度越大，气井的水气比也越大。如果井底存在隔层，将明显影响气井的水侵路径和时间，表现为隔层面积越大和离井底越近，则气井见水时间越晚。

（2）工程因素方面。气藏生产过程中，工作制度对水侵影响较为明显，主要表现为产量越高，生产压差越大，水体在井底附近锥进越快，导致气井的见水时间越早，无水采气期越短；边底水在井底附近舌进或锥进的速度越快，导致气井的见水时间也越早，严重的产水气井还会引起突发性水淹，停止生产。

影响有水气藏水侵的因素除上述因素之外，水体大小和气井打开程度的完善性对气井的水侵也会产生影响[113-114]。水体越大，气藏水侵量也越大，气井见水时间也越早。打开程度越完善越能减缓水体向上锥进的速度。总之影响水侵的因素很多，认清水溶性气藏水侵的影响因素是合理开发有水气藏的关键之一。

高温高压水溶性气藏开发过程中，地层压力下降会引起地层水不断聚集井底，造成气井产水。应力敏感性引起渗透率和孔隙度降低，气藏存在的地层倾角会引起流体重力作用等，都将影响气井产能。产水气井产能研究主要集中在以下几个方面。

（1）考虑真实气体PVT参数随压力变化的高速非达西渗流单井模型的气井产能，弄清在非达西渗流下气井的产能变化状况[115-116]。结果表明在非达西渗流不严重的情况下，二次方程是一种很好的近似方法。但考虑部分水平气井和垂直气井，非达西二项式产能方程存在不足[117]，Fetkovich方法可能低估了传统气藏的渗透率，而高估了气井表皮系数，因此，提出了一种利用生产数据识别非达西渗流的方法[118]。

（2）考虑井周渗透性变化[119-120]和气水两相流引起的流动变化[121-122]对气井产能的影响建立气井的相关产能方程[123-125]，弄清气井产能在井周围受污染后的变化关系[126]。

（3）基于气井稳定和拟稳定流动状态产能方程[127-128]推导产水气井的产能方程，弄清产能在产水情况下的变化关系[129-132]。

（4）考虑应力敏感性的产水气井的产能方程，并通过实验和理论综合分析应力敏感性对气井产能的影响[133-134]，弄清产水气井产能在考虑应力敏感后的变化关系[135-140]。

总之，许多学者通过多种途径已经建立了相关的产水气井的产能方程。但是，由于影响有水气藏气井产能的因素较多，目前尚无多因素综合分析，特别是对与气井产能有关的应力敏感性、地层倾角和水气比等主要影响因素的综合考虑也没有相关的研究。因此有必要针对影响产水气井产能变化的主要因素进行综合研究，确定多因素影响下的产水气井的产能方程，为水溶性气藏的合理开发提供一定的指导。

水溶性气藏开采过程中气井积液会严重影响气井的生产，甚至会导致气井被压死[141-143]。气井积液过程是一个渐进的过程，如果能够较早地预测或判别出水溶性气藏气井的积液状况并及时采取防水、治水和排液措施，可以有效地减轻气井积液对气井生产的影响[144-146]，从而提高水溶性气藏的采出程度。目前对气井积液的研究主要有气井积液的判断和气井积液位置的判断[147-149]。对于积液的判断主要有两种方法：一是油套压差法初步估算已经出现积液的气井[150-153]；二是临界携液流量判断气井是否积液。对于气井积液位置，前人通过理论和实验分析建立了相关模型[154-156]，预测气井井筒积液的位置。但对于预测水溶性气藏或者常规气藏气井在什么时间和什么气藏条件下积液的研究较少。因此有必要建立一种预测水溶性气藏产水气井积液时间的动态方法，评估产水气井的积液风险。

1.5 水溶性气藏防水策略研究现状

对于水溶性气藏，水侵对气藏的开发具有较大的危害。水溶性气藏衰竭开发过程中，由于储层非均质性和裂缝等因素，地层水会选择性水侵，形成多种水封气，从而造成可采储量的损失。水体较为活跃的水溶性气藏，在开发过程中气井出水是不可避免的，只是时间问题，气藏水侵后地层中将出现气水两相渗流，气相渗流阻力增加，气相相对渗透率降低，气井产能快速下降，气藏的废弃压力也将增大，导致可采储量降低。

水溶性气藏以及相关有水气藏水侵伤害的防止和治理大致归纳起来有三类[157-159]：控水、堵水、排水（表1.2）。

表 1.2 国内外控水治水措施

		措施名称	适应条件	实现方式	优点	缺点
控水采气	1	未出水井	水侵型（慢型）	Cl⁻含量及水气比监测，控制临界压差	延长无水采气，提高采收率等	气井能量低时受限
	2	已出水井	断裂型（快型）	生产实验求合理压差	增加单位压降采气量、减少地面污染	采气速度低
堵水	3	封堵水层	横向水窜型	搞清并封堵出水层段	可减少水影响	事例较少
	4	封堵井底出水井段	水锥出水	封堵井底水侵段	可减少水影响	事例较少
排水采气	5	放喷	边底水	在井口放空	净化井底	浪费气
	6	以气带水	边底水	系统分析找拐点	靠气藏自身能量，保持自然递减	不能做拐点试验（加剧水侵）
	7	换小油管	气井低产、低压	换小油管	适宜带水、不积液	需压井换油管
	8	气举排水	气井举升、能量不足	用高压气源或高压风机增压	有效果	要外加能量
	9	化学排水	气井举升、能量不足	向井内注泡沫剂	效果明显，不影响气井正常生产	能量枯竭时受限
	10	柱塞气举排水	出水不大、中低压气井	在油管内装上柱塞设备	简单、经济	能量枯竭时受限
	11	机械排水	能量低	上抽吸设备	有效果	深井受限
	12	电泵排水	水量大的井	安装电潜泵	可强化排水	成本高，需电源

控水主要通过优化配产使气水界面均匀推进，减少水封气的储量损失，改善有水气藏的开发效果。堵水主要通过堵水剂堵塞水侵通道，延长水到达气井的时间，改善有水气藏的开发效果。排水主要是采用人工举升等助排工艺措施，排出井筒积液和侵入储气

空间的水，恢复气井生产和降低水封压力，改善有水气藏的开发效果。根据开发阶段，有水气藏开发早期以控水为主，开发中后期以堵水和排水为主。根据国内外对有水气藏的治水控水措施的研究，有针对同层水的，也有针对异层水的[160-161]，已经比较系统和成熟；有针对已出水气藏的，也有针对未出水气藏的，至少超过十种以上的方法得到了成功应用[162-165]，归纳起来不外三大类：一是控水，二是堵水，三是排水。从实现的着眼点来看，控水是防水，堵水则是渗滤通道改变，排水是治水，将三者有机结合就是目前最佳的治水措施。实践应用表明，控水是在水侵原因不明和出水初期时的应用方法，投资少操作简单；堵水由于受实施条件和技术的限制较多，特别是非均质气藏效果不佳，应用相对较少；排水是出水气藏治水的有效途径，应用较为广泛。针对高温高压水溶性气藏中的水溶气释放所引起的气井复杂的产水规律，找到合理的防水策略是合理开发水溶性气藏的关键。

　　总体看来，对高温高压水溶性气藏含水变化特征的研究还不够完善，对于高温高压水溶性气藏气水运移规律还未见具体研究，特别是对地层水中水溶气释放引起多孔介质中的气水界面变化规律认识不清，地层水中水溶气释放对气藏多孔介质水侵的影响研究尚处于起步阶段，因此有必要针对高温高压水溶性气藏气水运移规律认识不清的问题，以水溶性气藏含水变化特征和气水运移规律为研究对象，采用物理实验和基础理论研究相结合的思路，综合运用渗流力学和现代数学方法等多学科理论，进行以下几个方面的系统研究：（1）通过实验测试水溶气含量和凝析水的变化规律，并分析水溶性气藏开采过程中凝析水对近井地带含水饱和度的影响规律和应力敏感下储层孔隙以及束缚水的变化特征；（2）采用水溶气模拟开发实验装置和数值模拟研究衰竭开采过程中地层水中水溶气释放对多孔介质中含水饱和度和气水界面的变化特征，揭示底水中水溶气释放对多孔介质气水关系的影响规律；（3）结合现代数学方法与渗流理论，建立高温高压水溶性气藏的数值模拟模型、产水对气井产能的影响模型和气井积液风险预测模型，从而弄清地层水对高温高压水溶性气藏开采的影响规律；（4）以典型高温高压水溶性气藏为例，制定合理的开发策略。通过这些研究，有望弄清高温高压水溶性气藏在衰竭开采过程中凝析水、地层水中水溶气和束缚水的变化特征；水溶性气藏天然气与凝析水、束缚水和地层水在多孔介质中的气水运移规律，从而弄清水溶性气藏的出水机理，解决如何合理利用地层水中水溶气的能量，有效地防水和控水，制定合理的防水策略，改善高温高压水溶性气藏开发效果，为科学合理地开发高温高压水溶性气藏，提高气藏采收率和经济效益奠定理论和技术基础。

2 水溶性气藏凝析水析出规律研究

水溶性气藏在衰竭开采过程中，由于气层温压变化会有凝析水析出。通常的模拟研究重在关注地层水流动，对地层水气相的蒸发考虑较少，水溶性气藏凝析水析出研究不够深入。正确认识高温高压水溶性气藏凝析水析出规律，对于分辨气井产水类型和制定合理工作制度具有重要意义。本章通过室内实验及理论研究，对高温高压水溶性气藏凝析水含量进行测试，并建立了凝析水含量随温度压力变化的综合预测模型，利用高温高压核磁共振在线驱替系统研究了气藏衰竭开采过程凝析水含量变化对近井地带含水饱和度的影响规律，为制定高温高压水溶性气藏防水策略奠定基础。

2.1 凝析水含量变化规律研究

2.1.1 凝析水含量测试

2.1.1.1 凝析水含量测试方法

由于气相中凝析水含量往往不一定会特别高，同时又涉及高温高压，因此凝析水含量测试对仪器精度及仪器温压性能要求非常高。传统测试方法是在可视化PVT筒中将水样和气样在高温高压条件下进行混合达到相态平衡后，进行恒温恒压取样，对取出的气体样品进行闪蒸实验，用高精度天平称量样品中的凝结液态水的质量，然后在常温常压条件下用高精度气体体积计量器计量气体样品中天然气的体积。最后将得到的数据转化为标准状态下对应的质量和体积，计算该温压条件下天然气中的凝析水含量。但这种测试方法具备一定的不足。（1）取样量大。由于气相中凝析水含量比较小，要减小误差，同时达到天平的测试范围，往往需要大量取样，这就造成实验材料浪费较大，成本增加，配样及转样次数增加，实验过程烦琐。（2）管线中液态水造成误差大。由于涉及恒温恒压转样，转样过程中必然涉及连接管线，实验过程中必然面临凝析水在管线中析出从而影响凝析水含量最终测试精度。（3）管路死体积造成误差大。测试流程中各种管路将会导致一定量的死体积，死体积会造成难以精确检测凝析水质量和气体体积，从而使得本来就比较低的凝析水含量会更低，误差自然而然变大。

针对传统测试方法固有的这些不足，为了准确评价高温高压气藏凝析水含量变化规律，改进了实验方法，主要是通过测试注入地层水样的前后，在恒定温度和压力条件下的PVT筒体积，计算特定温压条件下天然气中的凝析水含量，实验流程如图2.1所示。由于气样和水样在一定温压条件下会达到气水平衡状态，对于水溶性气藏，平衡过程中部分气样会溶解进入水样中，同时部分水样会蒸发进入气样中（图2.2）。因此，首先可监测气样在一定温压条件下的体积，气藏加入定量水样，等待平衡后监测体积变化量[96]。同时，由于注入水样体积小，则溶解气相应也很小，液态后体积就更小，因此溶解气液态体积是可以忽略的，从而获得凝析水含量预测模型式（2.1）。

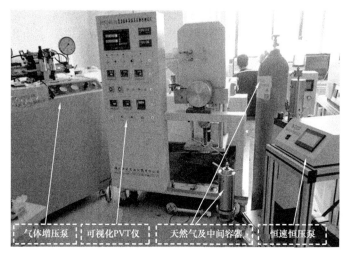

图 2.1 实验仪器连接流程图

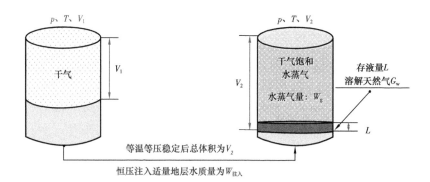

图 2.2 恒定温压条件下气样加入水样前后的状态变化

$$\begin{cases} \Delta V = V_2 - V_1 = 水蒸气量 - 水溶气量 + 存液量 = W_g - G_w + L \\[2mm] W_g = (干气体积 - 水溶气体积) \times 天然气中饱和水蒸气含量 = (V_1 - G_w) \times V_w \\[2mm] G_w = (注入水体积 - 水蒸气体积) \times 地层水中天然气含量 \\[2mm] \quad = \left(W_i - M_w \dfrac{p \times W_g}{RT}\right) \times V_g \times p_{标} / p \\[2mm] L = 注入水体积 - 水蒸气体积 + 水溶气液态体积 \\[2mm] \quad = W_i - M_w \dfrac{p \times W_g}{RT} \end{cases} \quad (2.1)$$

水溶性气藏中天然气中水蒸气含量和饱水蒸气体积为：

$$W_g = \frac{V_2 - V_1 + V_g \times p_{标} \times W_i - W_i}{1 + M_w \dfrac{V_g \times p_{标}}{RT} - \dfrac{pM_w}{RT}}$$

$$V_w = \frac{p \times W_g}{pV_1 - \left(W_i - M_w \dfrac{p \times W_g}{RT}\right) \times V_g \times p_{标}}$$

（2.2）

式中　　V_g——地层水中天然气含量，mL/mL；

V_w——天然气中饱和水蒸气含量，mol/mol；

V_1——天然气稳定条件下体积，mL；

V_2——注入水后天然气稳定条件下体积，mL；

p——压力，MPa；

$p_{标}$——标况压力，MPa；

W_g——天然气中饱和水蒸气体积，mL；

M_w——水的摩尔质量，g/mol；

W_i——注入水体积，mL。

该方法首先测试不同温压条件下的气体体积，其次加入适量的地层水，测试对应温压状态下气水平衡后的体积，最后计算凝析水含量。此方法对仪器的精度要求同样较高，采用的是 HBPVT400/100 多功能高压流体 PVT 分析仪（图 2.3）。此 PVT 分析仪设有可视化窗口，可视化窗口除了可观察流体高温高压状态，还可通过图像处理对体积进行修正。HBPVT400/100 多功能高压流体 PVT 分析仪体积监测精度为 ±0.001mL；温度监测精度为 ±0.1℃，常温~200℃；压力监测精度为 ±0.01MPa，常压~70MPa。因此，完全能满足本研究需求。

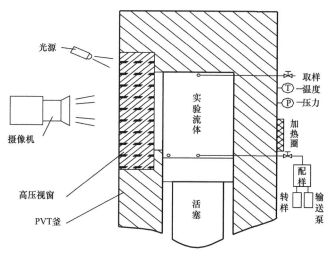

图 2.3　HBPVT400/100 PVT 仪原理图

2.1.1.2 实验材料与步骤

（1）实验材料。

根据典型高温高压水溶性气藏 FD 气田实际组分数据复配天然气，表 2.1 为天然气组分数据。但是在复配过程中，重质组分含量普遍降低，因为重质组分在高压下是液态，无法混合到气相中。实验所用的地层水为实验室配制的标准盐水，各区块矿化度约 15000mg/L，具体见表 2.1。

表 2.1　典型气藏气体组分及地层水矿化度

气藏	层组	组分，%											矿化度 mg/L
		C_1	C_2	C_3	iC_4	nC_4	iC_5	nC_5	C_{6+}	CO_2	N_2	H_2	
FD-1	Hb	67.09	0.91	0.30	0.08	0.06	0.03	0.01	0.08	23.63	7.82		14000
FD-2	Ha	85.05	1.46	0.85	0.26	0.24	0.13	0.07	0.24	3.48	8.21	0.01	15000
FD-2	Hb	84.88	1.51	0.83	0.25	0.22	0.13	0.07	0.17	3.18	8.74	0.01	15000

（2）实验步骤。

根据不同砂体天然气组分，共复配 3 组天然气，真实模拟实际情况，测点数量为：7 个温度测点 ×6 个压力测点。测试步骤如下：

①向 PVT 仪加入适量天然气；

②将温压调节到指定温压点，待稳定后记录温度、压力、体积；

③调节下一个温压点，重复步骤②；

④所有温压点测试完成后，向 PVT 筒加入适量地层水，重复步骤②和③；

⑤数据处理，计算天然气中凝析水含量。

2.1.2　测试结果分析与评价

针对 3 个砂体，每个砂体在考虑气藏实际温压条件下测试了 7 个温度测点 ×6 个压力测点的凝析水含量（表 2.2）。

从图 2.4 中可以看出，凝析水含量随压力的升高而降低，其中在低压阶段降幅相对较快，而高压阶段比较平缓，与压力有较好的对数函数关系。从图 2.5 中可以看出，凝析水含量随温度的升高而升高，低于 80～90℃时变化较慢，高于 80～90℃时变化较快，同时也受压力的影响。凝析水含量在低压阶段受温度的影响比较明显，高温阶段受压力影响比较明显。FD-2 两个气藏凝析水含量较接近，地层条件下含量为 0.11m³/10⁴m³ 左右，FD-1Hb 为 0.197m³/10⁴m³ 左右。从同一温度下不同砂体凝析水含量随压力的变化特征分析可知（图 2.6），FD-1 气藏凝析水含量明显高于 FD-2 气藏，FD-2Ha 气藏凝析水含量比 FD-2Hb 气藏略高。

表 2.2 FD 气田 3 个砂体不同温度压力下的凝析水含量 单位: m³/10⁴m³

气藏砂体	压力 MPa	温度,℃						
		40	80	100	110	120	130	145
FD-1Hb	5	0.0520	0.1161	0.1854	0.2813	0.4114	0.5622	0.7865
	15	0.0408	0.0742	0.1145	0.1807	0.2394	0.3172	0.4250
	25	0.0379	0.0637	0.0898	0.1349	0.1880	0.2424	0.32876
	35	0.0341	0.0575	0.0828	0.1167	0.1546	0.2003	0.2459
	45	0.0324	0.0525	0.0709	0.1072	0.1464	0.1758	0.2121
	54	0.0311	0.0486	0.0669	0.1004	0.1365	0.1635	0.1970
FD-2Hb	5	0.0282	0.0598	0.0978	0.1461	0.2111	0.3008	0.4090
	15	0.0233	0.0401	0.0597	0.0952	0.1311	0.1762	0.2229
	25	0.0206	0.0354	0.0514	0.0710	0.1024	0.1248	0.1583
	35	0.0190	0.0308	0.0438	0.0599	0.0841	0.1057	0.1280
	45	0.0177	0.0284	0.0376	0.0542	0.0753	0.0918	0.1072
	54	0.0166	0.0252	0.0350	0.0521	0.0700	0.0873	0.1010
FD-2Ha	5	0.0294	0.0684	0.1105	0.1603	0.2292	0.3216	0.4346
	15	0.0251	0.0431	0.0650	0.1003	0.1347	0.1935	0.2304
	25	0.0224	0.0375	0.0529	0.0747	0.1064	0.1360	0.1868
	35	0.0198	0.0324	0.0471	0.0646	0.0875	0.1161	0.1323
	45	0.0189	0.0307	0.0412	0.0595	0.0810	0.0991	0.1183
	54	0.0176	0.0276	0.0376	0.0556	0.0763	0.0930	0.1107

根据气藏的天然气组分分析原因可知,天然气组分中 CO_2 含量高、N_2 含量低及天然气密度低,地层水矿化度低,将会导致凝析水含量偏高。因此,FD-1 气藏凝析水含量明显高于 FD-2 气藏;FD-2 气藏两砂体的天然气组分及地层水矿化度比较接近,FD-2Ha 砂体的 CO_2 含量稍高,因此凝析水含量比 FD-2Hb 稍高,但相差不大。

2.1.3 凝析水含量综合预测模型建立

2.1.3.1 凝析水含量实测与计算误差分析

根据李仕伦教授编著的《天然气工程》,基于水蒸气的饱和蒸气压,根据拉乌尔定律建立的水蒸气含量方程[163]为:

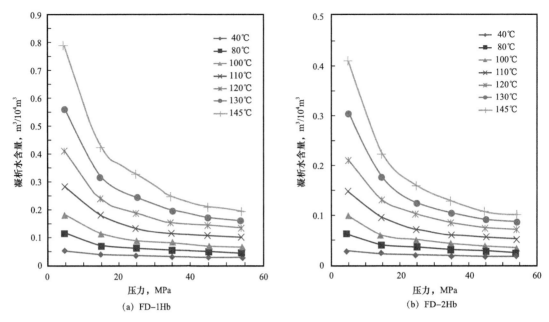

图 2.4 FD 气藏凝析水含量随压力变化的关系

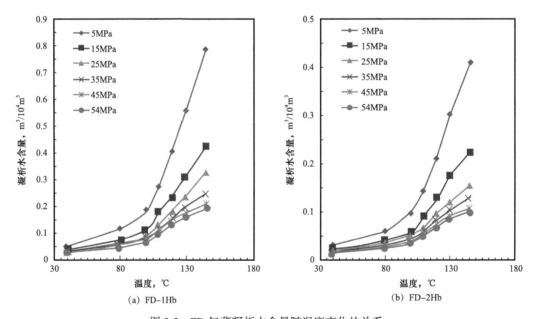

图 2.5 FD 气藏凝析水含量随温度变化的关系

$$W_{H_2O} = 804 \times \frac{p_{sw}\left(1 - S - y_{H_2S} - y_{CO_2}\right)}{p - p_{sw}\left(1 - S - y_{H_2S} - y_{CO_2}\right)} \quad (2.3)$$

$$p_{sw} = p_c \exp\left[f\left(\frac{T_{sw}}{T_c}\right) \times \left(1 - \frac{T_c}{T_{sw}}\right)\right] \quad (2.4)$$

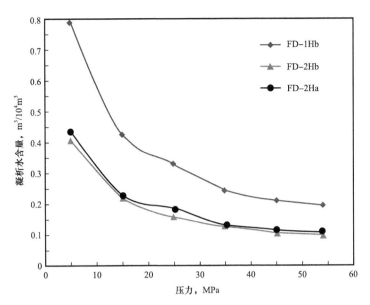

图 2.6 同一温度下（145℃）不同砂体凝析水含量随压力的变化特征

当 $T_c < T_{sw}$ 时：

$$f\left(\frac{T_{sw}}{T_c}\right) = 7.21275 + 3.981\left(0.745 - \frac{T_{sw}}{T_c}\right)^2 + 1.05\left(0.745 - \frac{T_{sw}}{T_c}\right)^3 \quad (2.5)$$

当 $T_c > T_{sw}$ 时：

$$f\left(\frac{T_{sw}}{T_c}\right) = 7.21275 + 4.33\left(\frac{T_{sw}}{T_c} - 0.745\right)^2 + 185\left(\frac{T_{sw}}{T_c} - 0.745\right)^5 \quad (2.6)$$

式中　W_{H_2O}——天然气中水蒸气含量，g/m^3；

　　　p_{sw}——水蒸气的饱和蒸气压，MPa；

　　　S——天然气中水分的盐类含量，%；

　　　y_{H_2S}——天然气中 H_2S 的摩尔分数，%；

　　　y_{CO_2}——天然气中 CO_2 的摩尔分数，%；

　　　p——天然气体系压力，MPa；

　　　p_c——水蒸气临界压力，22.12MPa；

　　　T_c——水蒸气临界温度，647.3K；

　　　T_{sw}——天然气中饱和水蒸气的温度，K。

采用公式（2.3）计算 FD-1Hb、FD-2Hb 和 FD-2Ha 气藏在不同条件下凝析水含量

（表 2.3），在地层条件下的误差对比见表 2.4，总体看来与实测值相比，存在明显的两个问题：一是误差较大，平均为 55%；二是公式计算的结果与实测值规律不一致，实测 CO_2 含量越高，水蒸气含量值越高，FD-1Hb 与 FD-2Hb、FD-2Ha 气藏计算值正好相反。出现该问题的主要原因在于：首先，对于水溶性气藏，气藏中的水蒸气含量一般是保持在超饱和状态，利用该公式计算会存在较大误差；其次，组分的影响，特别是 CO_2 含量对水蒸气含量有较大的影响，会使水蒸气含量升高。鉴于此，须对该模型进行修正以便用于水溶性气藏的凝析水含量计算。

表 2.3　FD 气田 3 个砂体不同温度压力下计算的凝析水含量　　单位：$m^3/10^4m^3$

气藏	压力，MPa	温度，℃						
		40	80	100	110	120	130	145
FD-1Hb	5	0.01118	0.05975	0.12526	0.17700	0.24638	0.33822	0.53172
	15	0.00372	0.01982	0.04132	0.05815	0.08048	0.10967	0.16975
	25	0.00223	0.01188	0.02474	0.03479	0.04810	0.06544	0.10100
	35	0.00160	0.00848	0.01766	0.02482	0.03430	0.04664	0.07188
	45	0.00124	0.00660	0.01373	0.01929	0.02665	0.03623	0.05580
	54	0.00103	0.00550	0.01144	0.01607	0.02220	0.03017	0.04645
FD-2Hb	5	0.01418	0.07589	0.15942	0.22566	0.31485	0.43356	0.68605
	15	0.00472	0.02514	0.05245	0.07384	0.10228	0.13950	0.21638
	25	0.00283	0.01506	0.03139	0.04414	0.06106	0.08313	0.12844
	35	0.00202	0.01075	0.02239	0.03148	0.04352	0.05920	0.09133
	45	0.00157	0.00836	0.01741	0.02446	0.03381	0.04597	0.07085
	54	0.00131	0.00697	0.01450	0.02038	0.02815	0.03827	0.05896
FD-2Ha	5	0.01422	0.07613	0.15993	0.22640	0.31588	0.43500	0.68840
	15	0.00473	0.02522	0.05261	0.07407	0.10261	0.13995	0.21708
	25	0.00284	0.01511	0.03149	0.04428	0.06125	0.08339	0.12885
	35	0.00203	0.01079	0.02246	0.03158	0.04366	0.05939	0.09162
	45	0.00158	0.00839	0.01746	0.02454	0.03391	0.04612	0.07108
	54	0.00131	0.00699	0.01455	0.02044	0.02824	0.03839	0.05915

表 2.4 　FD 气藏实测和公式计算凝析水含量对比

| 气藏 | 凝析水含量，m³/10⁴m³ | | 误差 |
	实验测试值	公式计算值	%
FD−1Hb	0.19704	0.046446	76.43
FD−2Hb	0.10103	0.058958	41.64
FD−2Ha	0.11070	0.059146	46.57

2.1.3.2 　凝析水含量预测模型建立与预测

从前面分析可知，凝析水含量是关于压力、温度、矿化度、天然气组分的函数[166]，即凝析水含量数学模型可表达为：

$$W_{\text{H}_2\text{O}}=f\left(压力，温度，矿化度，气体组分\right)=f\left(p, T, M, C\right) \tag{2.7}$$

在饱和蒸汽含水量的公式的基础上，根据三个水溶性气藏的基本情况无 H_2S 含量的测试结果，并结合 CO_2 会使水蒸气含量升高的因素，需对压力、温度和组分等相关的因素进行修正，同时考虑酸性气体 CO_2 含量大于 5% 时，必须对天然气中的水蒸气含量进行校正[163]。根据水溶性气藏测试的实验结果，经过统计分析，修正前面的模型。

当 CO_2 含量小于 5% 时，修正模型为：

$$W_{\text{H}_2\text{O}} = 804 \times \frac{p_{\text{sw}}\left(1-S+y_{\text{CO}_2}\right)}{4.2139 \times p^{0.5306} - p_{\text{sw}}\left(1-S+y_{\text{CO}_2}\right)} \tag{2.8}$$

当 CO_2 含量大于 5% 时，修正模型为：

$$W_{\text{H}_2\text{O}} = 804 \times \frac{p_{\text{sw}}\left(1-S+2.75 y_{\text{CO}_2}\right)}{4.2139 \times p^{0.5306} - p_{\text{sw}}\left(1-S+2.75 y_{\text{CO}_2}\right)} \tag{2.9}$$

$$p_{\text{sw}} = 1.1078 \times p_{\text{c}} \exp\left[f\left(\frac{T_{\text{sw}}}{T_{\text{c}}}\right) \times \left(1-\frac{T_{\text{c}}}{T_{\text{sw}}}\right)\right] + 0.0524 \tag{2.10}$$

当 $T_{\text{c}} < T_{\text{sw}}$ 时：

$$f\left(\frac{T_{\text{sw}}}{T_{\text{c}}}\right) = 7.21275 + 3.981\left(0.745 - \frac{T_{\text{sw}}}{T_{\text{c}}}\right)^2 + 1.05\left(0.745 - \frac{T_{\text{sw}}}{T_{\text{c}}}\right)^3 \tag{2.11}$$

当 $T_{\text{c}} > T_{\text{sw}}$ 时：

$$f\left(\frac{T_{\text{sw}}}{T_{\text{c}}}\right) = 7.21275 + 4.33\left(\frac{T_{\text{sw}}}{T_{\text{c}}} - 0.745\right)^2 + 185\left(\frac{T_{\text{sw}}}{T_{\text{c}}} - 0.745\right)^5 \tag{2.12}$$

采用修正公式预测计算气藏 FD-1Hb、FD-2Hb 和 FD-2Ha 不同条件下凝析水含量（表2.5），气藏地层条件下的三种方法凝析水含量对比见表2.6，以及不同压力下的凝析水含量误差对比如图2.7至图2.9所示，综合对比实测值、基础公式和修正公式计算结果，可见修正后的公式预测的凝析水含量更加接近实验值，所有实测值与修正公式计算结果的平均误差约为5%。

表2.5 不同温度压力下修正公式计算的凝析水含量 单位：$m^3/10^4m^3$

气藏	压力，MPa	温度，℃						
		40	80	100	110	120	130	145
FD-1Hb	5	0.08326	0.14310	0.22405	0.28820	0.37450	0.48925	0.73291
	15	0.04605	0.07888	0.12295	0.15760	0.20384	0.26465	0.39132
	25	0.03763	0.06442	0.10032	0.12849	0.16601	0.21524	0.31736
	35	0.02997	0.05127	0.07976	0.10209	0.13177	0.17064	0.25096
	45	0.02584	0.04418	0.06870	0.08790	0.11340	0.14675	0.21553
	54	0.02296	0.03925	0.06101	0.07804	0.10064	0.13018	0.19101
FD-2Hb	5	0.05171	0.08862	0.13823	0.17728	0.22944	0.29818	0.44174
	15	0.02864	0.04899	0.07621	0.09753	0.12587	0.16297	0.23956
	25	0.02342	0.04004	0.06225	0.07962	0.10269	0.13285	0.19495
	35	0.01866	0.03188	0.04954	0.06334	0.08165	0.10554	0.15463
	45	0.01609	0.02749	0.04269	0.05457	0.07032	0.09086	0.13302
	54	0.01430	0.02442	0.03793	0.04847	0.06245	0.08067	0.11802
FD-2Ha	5	0.05155	0.08836	0.13781	0.17674	0.22875	0.29727	0.44037
	15	0.02856	0.04885	0.07598	0.09724	0.12550	0.16248	0.23884
	25	0.02335	0.03992	0.06206	0.07939	0.10239	0.13245	0.19436
	35	0.01860	0.03179	0.04939	0.06315	0.08140	0.10522	0.15417
	45	0.01604	0.02740	0.04257	0.05441	0.07011	0.09059	0.13262
	54	0.01425	0.02435	0.03781	0.04833	0.06226	0.08043	0.11767

表2.6 FD气藏实测和公式计算凝析水含量对比

气藏	凝析水含量，$m^3/10^4m^3$		
	实验测试值	基础公式计算值	修正公式计算值
FD-1Hb	0.19704	0.046446	0.19101
FD-2Hb	0.10103	0.058958	0.11802
FD-2Ha	0.1107	0.059146	0.11767

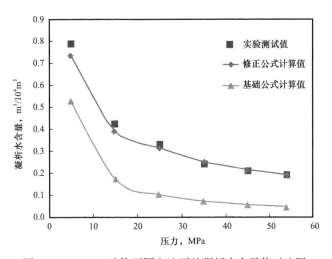

图 2.7　FD-1Hb 砂体不同方法下的凝析水含量值对比图

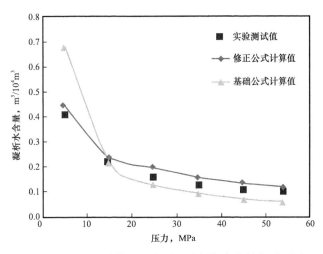

图 2.8　FD-2Hb 砂体不同方法下的凝析水含量值对比图

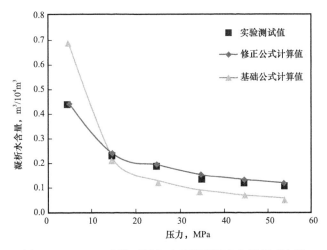

图 2.9　FD-2Ha 砂体不同方法下的凝析水含量值对比图

2.2 衰竭开采过程中凝析水对近井带含水饱和度的影响

衰竭开采过程中，随着气体长时间的流动以及开采速度的变化，是否会对近井区储层含水饱和度产生影响值得探讨。同时，开采过程中，地层压力的变化将会对天然气中凝析水含量产生影响，对于是否会对近井区含水饱和度产生影响，同样值得研究。通过高温高压核磁共振在线驱替可有效检测不同状态下岩样孔隙流体信号量，以此评价近井区储层含水饱和度变化特征。

2.2.1 核磁共振在线测试含水饱和度原理

核磁共振（Nuclear Magnetic Resonance，NMR）是指原子核与磁场之间的相互作用。对处于饱和水状态的岩石进行 NMR 测量得到的是岩石孔隙中流体氢核的响应信号[167-168]。由于岩石中通常包括不同大小的孔隙，因此饱和水的岩石 NMR 测量得到的自旋回波串实际上是多种横向弛豫分量共同叠加的结果[169-170]。多孔介质中流体横向弛豫可用弛豫时间 T_2 来描述：

$$\frac{1}{T_2} = \frac{1}{T_{2B}} + \rho_2 \frac{S}{V} + \gamma^2 G^2 D\tau^2 / 3 \tag{2.13}$$

式中　$\dfrac{1}{T_{2B}}$——体弛豫项，T_{2B} 的大小取决于饱和流体性质，非常小，容易去掉；

　　　$\gamma^2 G^2 D\tau^2/3$——扩散弛豫项；

　　　D——扩散系数；

　　　G——内磁场不均匀性，与外加磁场成正比；

　　　τ——回波间隔。

从式（2.13）中可以看出，体弛豫项很小，可忽略，当外场变化不很强 G 很小时，且 τ 足够短时，可忽略扩散弛豫项的贡献。去掉体弛豫项和扩散弛豫项后，公式（2.13）变为：

$$\frac{1}{T_2} = \rho_2 \frac{S}{V} \tag{2.14}$$

式中　ρ^2——表面弛豫强度，取决于孔隙表面性质和矿物组成；

　　　S/V——单个孔隙的比面，与孔隙半径成反比。

弛豫时间全面反映了流动通道结构特征以及流固作用的强弱。核磁共振测试主要参照《岩心分析方法》（GB/T 29172—2012）、《岩样核磁共振参数实验室测量规范》（SY-T 6490—2014），同时结合在线检测特征而进行。核磁共振实验中，当岩心饱和水后，越小孔隙的 T_2 弛豫时间越小；越大孔隙的 T_2 弛豫时间越大[171-172]。因此，获得岩心

内饱和水的 T_2 弛豫时间分布（即 T_2 谱）以及对衰竭开采过程进行适时在线检测 T_2 谱后，定量求取束缚水饱和度或不同回压状态下含水饱和度，并定量计算衰竭开采过程中近井含水饱和度变化规律。图 2.10 为一块典型的 FD 气田岩样衰竭开采过程中的 T_2 弛豫时间谱，形状为双峰结构。按照经验，可将左锋下的面积视为小孔含量，而右峰的面积视为大孔含量。

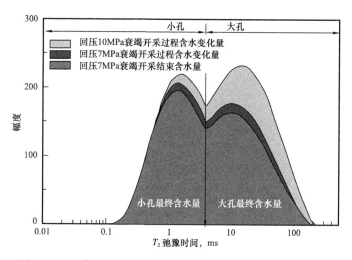

图 2.10　FD 气田典型岩样驱替前后 T_2 弛豫时间谱及评价结果

实验在高温高压核磁共振在线检测设备上（MacroMR12–150H–I）完成。此设备温度最高可达 80℃，压力可达 20MPa。测试材料和设备主要包括高压天然气，地层水注入泵，高温高压配样器，调压装置，核磁共振在线检测系统，回压装置，测试流程如图 2.11 和图 2.12 所示。

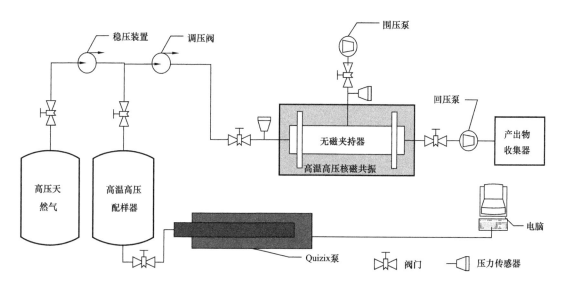

图 2.11　核磁共振在线检测衰竭开采流程图

图 2.12　核磁共振在线检测衰竭开采仪器连接图

高温高压衰竭开采在线检测步骤如下。

（1）岩样准备。钻取规格岩样，采用真空干燥箱将岩样干燥至恒重，测量岩样干重、长度和直径。

（2）渗透率测试。按照岩样克氏渗透率测试行业标准《岩心分析方法》的要求，测试岩样渗透率。

（3）孔隙度测试。将岩样烘干至恒重，测量岩样干重，将岩样抽真空，然后加压饱和地层水，测量岩样湿重，同时进行核磁测试，计算孔隙度。

（4）建立束缚水饱和度。用氮气先低速吹扫岩心，后高速吹扫，并且不间断调换岩心两端进行吹扫，使岩心处于束缚水状态，称量岩心重量并进行核磁测试。

（5）配流体样。将水样和气样通入高温高压配样器，将温压调节到指定温压点，并充分搅拌，并等待温度和压力稳定。

（6）衰竭开采。将出口端回压装置的压力调节至目标压力，打开入口端配样器阀门使流体驱替进入岩心，待两端压力温度后进行核磁共振测试。

（7）降低回压，重复步骤（5），降到指定压力结束测试。

2.2.2　数据分析与讨论

选取 FD 气田两个区块 FD–1 和 FD–2 共计 3 个砂体岩样进行高温高压衰竭开采核磁共振在线检测，检测结果见表 2.7 和如图 2.13 所示。可以看出，饱和水状态 T_2 谱明显高于束缚水状态，同时，随着衰竭开采的进行，含水饱和度还有明显的降低趋势。

对衰竭开采过程中 T_2 谱变化特征进行绘制可以看出（图 2.14 至图 2.16），随着衰竭开采的进行，T_2 谱右峰逐渐降低，且降低幅度大于左锋，含水饱和度逐渐降低，近井地带水的运移量大部分来自储层较大孔隙。在衰竭开采之初近井地带水运移比较明显，越到开采后期，水分布越趋于稳定，最终降低到含水饱和度在 30% 左右。

表 2.7　FD 气藏 3 个砂体核磁共振衰竭开采测试结果

编号	区块	井号	层位	孔隙度 %	渗透率 mD	温度 ℃	不同回压状态下含水饱和度				
							初始	18MPa	14MPa	10MPa	7MPa
2	FD-1	FD-1-4	Hb	15.87	14.95	80	0.54	0.45	0.41	0.36	0.34
3	FD-1	FD-1-4	Hb	16.66	21.20	40	0.41	0.36	0.31	0.24	0.21
11	FD-2	DF13-2-2	Hb	14.70	24.25	80	0.51	0.43	0.38	0.33	0.31
12	FD-2	DF13-2-2	Hb	15.20	23.07	40	0.49	0.44	0.41	0.38	0.33
14	FD-2	DF13-2-8d	Ha	15.45	84.90	80	0.49	0.42	0.38	0.36	0.34
17	FD-2	DF13-2-8d	Ha	17.67	314.54	40	0.41	0.37	0.34	0.33	0.31
15	FD-2	DF13-2-8d	Ha	19.15	355.71	80	0.58	0.50	0.45	0.41	0.39

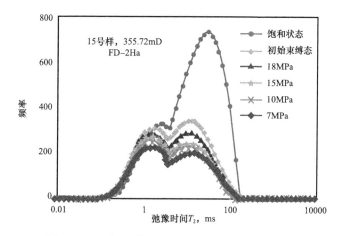

图 2.13　FD 气田典型样品衰竭开采在线检测结果

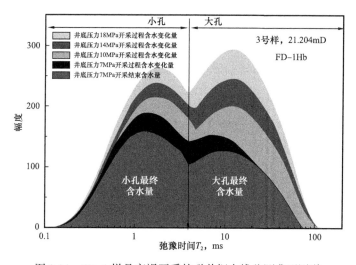

图 2.14　FD-1 样品衰竭开采核磁共振在线监测典型图谱

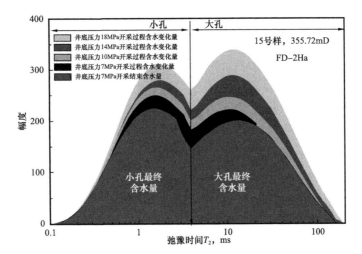

图 2.15　FD-2 样品衰竭开采核磁共振在线监测典型图谱

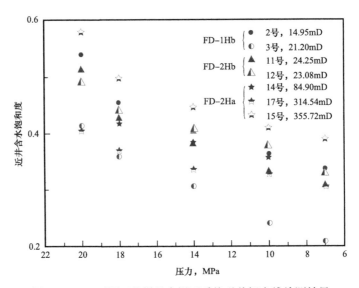

图 2.16　FD 不同区块样品衰竭开采核磁共振在线检测结果

　　近井地带含水饱和度的降低，一方面来源于气体流动使得部分束缚水可动用性增强，变成可动水随气体产出（携带作用）；另一方面来源于储层压力降低使得部分束缚水蒸发进入气体成为凝析水而随气体采出（抽吸作用）。从采出水矿化度（表 2.8）和水气比变化特征（图 2.17）可以看出，采出水矿化度很低，透明度较高，这明显不是地层水，同时水气比比较平稳，因此可以判定采出水以凝析水为主。因此，从实验的结果来分析，凝析水含量总体较小，仅凝析水的析出，将不会影响气藏的生产，都将被产出气带出。

表 2.8　FD 气藏产出水特征

井口产出水特征				
色	嗅	透明度	沉淀	总矿化度, mg/L
粉	油	全	有	27

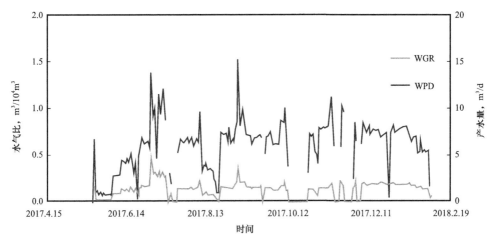

图 2.17　FD 气藏水气比变化特征

通过核磁共振在线检测，可设计实验，分析携带和抽吸哪个是主要影响因素。其主要方法为：采用 6000r/min 高速离心，相当于最大限度降低了岩样内部 50nm 左右以上孔隙空间可动水含量，然后采用小压差（0.5MPa）恒压、长时驱动，通过高温高压 NMR 测试驱替前后及过程中含水饱和度变化规律。主要研究思路如图 2.18 所示。

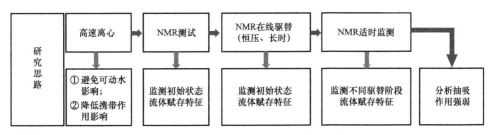

图 2.18　携带及抽吸强弱验证实验思路

采用以上方法主要基于：恒压驱替过程中，天然气来自高温高压配样器，降压后定压输出驱替岩样，定压输出的天然气将会处于凝析水欠饱和状态，因此在岩样内部不可避免会产生抽吸作用，同时产生携带作用，为控制单因素分析，只有采取以上方法尽量降低岩样内部可动流体，从而降低携带作用的影响来分析抽吸作用强度。

从 NMR 恒压、长时在线驱替可以发现（图 2.19、图 2.20），即便已消除可动水的影响，但是驱替过程中近井含水饱和度依然不断降低，但是随着驱替的进行，下降幅度逐渐减小，总下降幅度在 4% 左右，说明抽吸作用对近井含水饱和度有一定的影响；衰竭开采过程中，抽吸和携带对近井含水饱和度均有影响，但是抽吸作用更持久，对于谁更强烈，目前还难以分清。

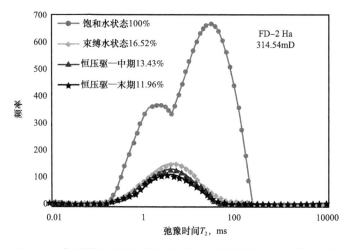

图 2.19　典型样品饱和水状态及恒压长时驱过程 NMR 测试结果

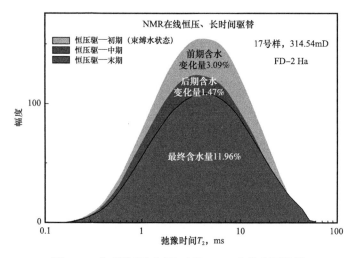

图 2.20　典型样品恒压长时驱 NMR 在线监测结果

3 水溶性气藏水溶气含量变化规律研究

高温高压水溶性气藏天然气与地层水处于同一系统内，发生相互作用是不可避免的，部分天然气将溶解于地层水中。然而，随着地层温度和压力条件的改变，溶于高温高压地层水中的天然气将析出。这部分析出的天然气对气藏开发有着重要的作用，主要体现在：地层水中溶解天然气量的大小会影响气藏原始地质储量的计算；析出后的天然气受重力作用的影响会对边底水的侵入起到一定的抑制作用，从而改变地层水水侵规律。为研究水溶气对气水运移规律的影响，弄清水溶性气藏地层水中天然气的溶解是十分必要的。本章通过复配天然气对高温高压水溶性气藏 3 个砂体的水溶气含量进行了测试，研究了 FD 区两个区块共计 3 个砂体的水溶气含量变化规律，并建立了水溶气含量随温度压力变化的综合预测模型。

3.1 水溶气含量实验测试研究

3.1.1 实验材料与仪器

天然气根据实际组分数据进行复配，天然气组分数据见表 2.1。但是在复配过程中，重质组分含量普遍降低，因为重质组分在高压下是液态，无法混合到气相中。实验所用的地层水为实验室配制的标准盐水，矿化度见表 2.1。

实验仪器采用的是"YRD-PVT-70-300"全可视油气藏流体 PVT 分析仪（图 3.1、图 3.2），压力范围：常压～70MPa；温度：室温～300℃。实验过程的压力、体积、温度、质量、气体流量，均精确到 0.001。

3.1.2 实验方法及步骤

采用水溶性气藏的地层水和复配天然气，首先在 PVT 仪中配制指定温压条件下的样品，其次从 PVT 仪中取样，进行降温析出水溶气，最后通过电子天平和流量计对地层水量和水溶气量进行测量。具体实验步骤如下：

（1）向 PVT 仪注入过量地层水和天然气；

（2）将 PVT 筒温度调节至测试温度点；

（3）将 PVT 筒压力调节至测试压力点；

（4）将 PVT 仪保持恒压，搅拌样品，使 PVT 筒内温压平衡至测试温压点；

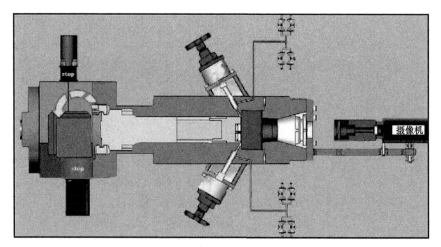

图 3.1 "YRD-PVT-70-300"型 PVT 流程原理图

图 3.2 "YRD-PVT-70-300"全可视油气藏流体 PVT 分析仪

（5）在恒压状态下，从 PVT 仪中取水样，测试地层水中天然气的溶解度；

（6）调节温度和压力，重复步骤（2）～（5）过程进行实验；

（7）数据处理与分析水溶气含量变化规律。

3.2　实验测试结果分析与评价

高温高压水溶性气藏地层水总溶气量由水合溶气量和孔隙填充溶气量组成（图3.3）[173–174]。其中，水合溶气量受温度、压力、天然气组分影响；孔隙填充溶气量受温度、压力、矿化度影响。

　　高温高压水溶性气藏开发过程中地层温度变化较小，而压力变化明显，因此通过水溶气含量测试可研究不同温度压力条件下的含气量（表3.1），地层温度条件下水溶气随压力的变化特征（图3.4），地层压力条件下 FD 气藏水溶气含量随温度变化的变化特征如图3.5 所示。

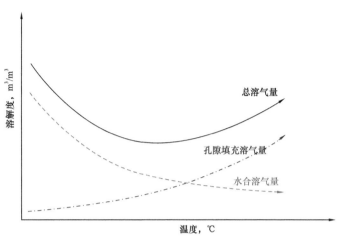

图 3.3　地层水水溶气机理示意图[172]

表 3.1　FD 气藏 3 个砂体不同温压条件下测得的水溶气含量　　　　　单位：m³/m³

砂体	压力，MPa	温度，℃						
		40	80	100	110	120	130	145
FD-1Hb	5	3.902	3.228	3.584	3.200	3.300	3.395	3.853
	15	7.554	6.166	6.741	6.492	6.130	5.365	6.505
	25	9.375	7.704	7.997	7.652	7.627	7.718	8.165
	35	10.489	8.215	10.539	9.227	9.191	9.326	11.841
	45	11.885	9.849	11.201	9.768	11.844	13.013	16.896
	54	12.490	11.071	12.102	11.220	12.692	13.926	21.542
FD-2Hb	5	2.956	2.500	1.900	1.800	1.869	2.129	2.459
	15	4.100	3.885	2.800	2.900	3.008	3.692	3.749
	25	4.900	4.684	4.250	4.300	4.394	4.541	6.155
	35	5.391	4.723	4.800	4.900	5.249	5.487	7.213
	45	5.260	4.752	4.900	5.100	5.517	6.277	7.804
	54	6.231	5.596	5.600	5.640	6.123	6.891	8.766
FD-2Ha	5	2.956	2.343	2.347	2.485	2.468	2.427	2.807
	15	4.100	3.375	3.426	3.670	3.773	4.045	4.305

砂体	压力，MPa	温度，℃						
		40	80	100	110	120	130	145
FD-2Ha	25	4.900	4.332	4.252	4.887	4.688	5.446	6.112
	35	5.391	4.865	5.073	5.280	5.182	5.690	6.573
	45	5.260	5.217	5.014	6.169	6.191	6.422	7.387
	54	6.231	6.028	5.974	6.665	6.746	7.280	8.632

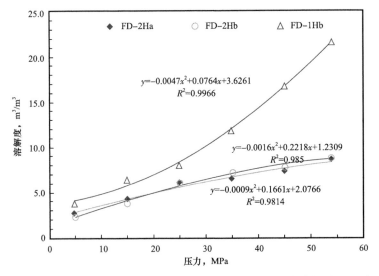

图 3.4　FD 气藏地层温度条件下水溶气含量随压力的变化特征（145℃）

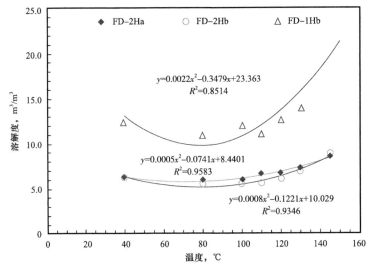

图 3.5　FD 气藏地层压力条件下水溶气含量随温度的变化特征（54MPa）

从图 3.4 中可知，恒温条件下，水溶气含量随压力的升高而升高。随着压力的变化，FD-1 水溶气—压力曲线更陡峭，FD-2 平缓一些，表明 FD-1 水溶气的溶解度受压力影响比 FD-2 更敏感。从理论上来讲，水溶气含量刚开始随着压力的升高而升高，但是升高至某一程度时，不会再明显升高，往往体现出存在某一极限值。对于 FD 气藏，接近地层压力时，FD-2 水溶气含量逐渐趋于平缓，表明水溶气量基本达到最大。而 FD-1 在接近地层压力时，天然气的溶解度依然明显增加，说明随着压力的增长地层水中天然气还将继续溶解，变化趋势还处于理论曲线的低压阶段。通过数据拟合发现，水溶气含量—压力曲线总体变化趋势满足二次函数关系式。地层温压条件下，FD-1 水溶气溶解度为 $21.5m^3/m^3$、FD-2 为 $8.7\ m^3/m^3$。

水溶气溶解度在地层压力条件下与温度的变化规律表明，水溶气溶解度随温度的升高先略有下降后开始上升，转折点在 80～100℃之间，与理论相符。根据水溶气溶解度与温度变化规律表明：FD-1 水溶气溶解度受温度影响大，FD-2 水溶气溶解度受温度影响较小。当温度高于 100℃以后，FD-1 水溶气含量随温度变化上升明显，而 FD-2 相对比较平缓，说明 FD-1 水溶气比 FD-2 受温度影响更敏感。通过实验数据拟合水溶气溶解度与温度呈现二次函数关系。

通过分析不同温压条件下的水溶性气藏地层水中水溶气含量变化特征，可剖析水溶气含量随温压的变化规律（图 3.6）。

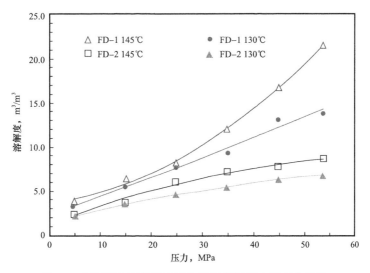

图 3.6　不同温度条件下水溶气溶解度随压力的变化特征

不同温度条件下，水溶气含量随压力增大而增大，说明压力高于一定程度后（25MPa），水溶气溶解度受温度影响较大，受压力影响较小。其中，FD-1 受温压的影响整体比 FD-2 要大。实验还表明低温度条件下，FD-1 水溶气溶解度与压力关系曲线与理论趋势逐渐相符。

造成 FD-1 和 FD-2 水溶气溶解度变化特征的原因，除温度和压力之外，还有矿化度和天然气组分。首先，FD-1 CO_2 含量明显高于 FD-2，造成 FD-1 水溶气溶解度明显大于FD-2；其次，FD-1 矿化度小于 FD-2，造成 FD-1 地层水分子的有效间隙将大于 FD-2。因此，FD-1 水溶气溶解度大于 FD-2。这是造成 FD-1 水溶气溶解度大于 FD-2 的内在机理。总的看来，地层水中的水溶气溶解度随温度的增大先减小后增大，随压力增大而增大，随 CO_2 含量升高而增大，随矿化度的降低而增大。

3.3 水溶气含量综合预测模型建立

目前 CO_2 和烃类气体在地层水中溶解的热力学模型较多，可以计算天然气在水中的溶解度，但模型主要是针对 CO_2 和烃类气体研究，对于混合气体研究主要集中于 CO_2—H_2O 二元体系和 CO_2—CH_4—H_2O 三元体系，针对水溶性气藏需考虑多种组分的研究还比较少。因此，在已有的模型和实验基础上，修正已有模型，建立更加合理的水溶气含量的经验预测模型。

3.3.1 水溶气含量实测与计算误差分析

根据 A.Danesh 编著的 PVT and Phase Behaviour of Petroleum Reservoir Fluids 一书中计算天然气在地层水中的溶解度计算公式[175]为：

$$R_w = A_0 + A_1 p + A_2 p^2 \tag{3.1}$$

式中系数 A_0、A_1、A_2 分别为：

$A_0 = 8.15839 - 6.12265 \times 10^{-2} T + 1.91663 \times 10^{-4} T^2 - 2.1654 \times 10^{-7} T^3$

$A1 = 1.01021 \times 10^{-2} - 7.44241 \times 10^{-5} T + 3.05553 \times 10^{-7} T^2 - 2.94883 \times 10^{-10} T^3$

$A_2 = -10^{-7} (9.02505 - 0.130237 T + 8.53425 \times 10^{-4} T^2 - 2.34122 \times 10^{-6} T^3 + 2.37049 \times 10^{-9} T^4)$

水中盐的存在降低了气体的溶解度，相关的关系为：

$$\lg\left(\frac{R_{ws}}{R_w}\right) = -0.0840655 W_s T^{-0.285854} \tag{3.2}$$

式中　R_{ws}——考虑含盐的水中气体的溶解度，m^3/m^3；

　　　R_w——气体在水中的溶解度，ft^3/bbl；

　　　p——压力，psi；

　　　T——温度，°F；

　　　W_s——地层水中的盐类含量，%。

由于式（3.1）和式（3.2）中溶解度、压力和温度等参数不是常用单位制，首先将进行单位转换得到新的公式为：

$$R_w = A_3 + A_4 p + A_5 p^2 \tag{3.3}$$

通过转化，式中系数 A_3、A_4、A_5 分别为：

$$A_3=1.13785-1.59106 \times 10^{-2}T_c+9.86108 \times 10^{-2}T_c^2-2.24935 \times 10^{-7}T_c^3$$

$$A_4=2.54832 \times 10^{-1}-1.40124 \times 10^{-2}T_c+2.32046 \times 10^{-5}T_c^2-4.44256 \times 10^{-8}T_c^3$$

$$A_5=-10^{-7}\left(2.11948 \times 10^{-4}-5.58388 \times 10^2T_c+10.53932 \times T_c^2-5.11554 \times 10^{-2}T_c^3+9.32309 \times 10^{-4}T_c^4\right)$$

水中盐的存在降低了气体的溶解度，相关的关系为：

$$\lg\left(\frac{R_{ws}}{R_w}\right) = -0.0840655W_s(1.8 \times T_c + 32)^{-0.285854} \tag{3.4}$$

式中　R_w——气体在水中的溶解度，m^3/m^3；

　　　R_{ws}——考虑含盐的水中气体的溶解度，m^3/m^3；

　　　p——压力，MPa；

　　　T_c——温度，℃；

　　　W_s——地层水中的盐类含量，%。

采用公式（3.3）和式（3.4）计算 FD-1Hb、FD-2Hb 和 FD-2Ha 砂体在不同温压条件下水溶气含量（表 3.2），在地层条件下的误差对比见表 3.3。总体看来与实测值相比，存在明显的两个问题：一是误差较大，平均为 33.92%，特别是 CO_2 含量较高的 FD-1Hb 砂体，误差高达 66.7%；二是采用的基础经验公式计算与实测值规律不一致，实测 CO_2 含量越高，水溶气含量值越高，计算值 FD-1Hb 与 FD-2Hb、FD-2Ha 砂体水溶气含量基本不变。出现该问题的主要原因在于：组分的影响，CO_2 相对于 CH_4 更容易溶解于水中，对于组分中 CO_2 较高的气体，将会使溶解于水中的天然气增加。鉴于此，须对该计算地层水中气体的溶解度计算模型进行修正，主要基于 CO_2 和 CH_4 在水中溶解度的热力学理论，从考虑 CO_2 含量的变化来进行分析修正，以便用于水溶性气藏的水溶气含量计算。

表 3.2　FD 气藏 3 个砂体不同温度压力下计算的水溶气含量　　　单位：m^3/m^3

砂体	压力，MPa	温度，℃						
		40	80	100	110	120	130	145
FD-1Hb	5	1.311	0.989	0.964	0.977	1.003	1.041	1.111
	15	2.512	2.090	2.150	2.236	2.352	2.494	2.743
	25	3.536	3.038	3.168	3.317	3.515	3.755	4.173
	35	4.385	3.833	4.016	4.221	4.493	4.823	5.399
	45	5.057	4.473	4.696	4.948	5.287	5.699	6.423
	54	5.511	4.919	5.164	5.452	5.842	6.323	7.170

续表

砂体	压力，MPa	温度，℃						
		40	80	100	110	120	130	145
FD–2Hb	5	1.311	0.989	0.964	0.977	1.003	1.041	1.111
FD–2Hb	15	2.512	2.090	2.150	2.235	2.352	2.494	2.743
	25	3.536	3.038	3.167	3.317	3.515	3.755	4.173
	35	4.384	3.832	4.016	4.221	4.493	4.823	5.399
	45	5.056	4.473	4.696	4.948	5.286	5.699	6.423
	54	5.510	4.919	5.164	5.451	5.842	6.323	7.170
FD–2Ha	5	1.311	0.989	0.964	0.977	1.003	1.041	1.111
	15	2.512	2.090	2.150	2.235	2.352	2.494	2.743
	25	3.536	3.038	3.167	3.317	3.515	3.755	4.173
	35	4.384	3.832	4.016	4.221	4.493	4.823	5.399
	45	5.056	4.473	4.696	4.948	5.286	5.699	6.423
	54	5.510	4.919	5.164	5.451	5.842	6.323	7.170

表 3.3　FD 气藏实测和公式计算水溶气含量对比

砂体	水溶气含量，m³/m³		误差，%
	实验测试值	公式计算值	
FD–1Hb	21.542	7.174	66.70
FD–2Hb	8.766	7.174	18.16
FD–2Ha	8.632	7.174	16.89

3.3.2　水溶气含量预测模型建立与预测

以实验测试的水溶气含量为依据，水溶气含量实验表明水溶气含量与温度、压力、矿化度、天然气组分存在一定的关系，即水溶气含量数学模型可表达为：

$$R=f(压力，温度，矿化度，气体组分)=f(p, T, M, C) \quad (3.5)$$

A.Danesh 的公式只考虑了温度、压力、矿化度，缺少组分的影响，而在前面的实验研究中发现：CO_2 含量对水溶气的含量有较大的影响。因此需对压力、温度和 CO_2 含量等相关的因素进行修正。根据水溶性气藏水溶气含量的测试结果，经过统计分析，修正前面的模型为：

$$R_w=a_0+a_1p+a_2p^2 \tag{3.6}$$

通过转化，式中系数 a_0、a_1、a_2 分别为：

$a_0=1.51384-3.67205\times10^{-2}T_c+1.30926\times10^{-4}T_c^2-2.79889\times10^{-7}T_c^3-2.08095\times10^{-11}T_c^4$

$a_1=3.09853\times10^{-1}-1.7264\times10^{-2}T_c+2.50071\times10^{-5}T_c^2-3.63351\times10^{-8}T_c^3-3.47354\times10^{-11}T_c^4$

$a_2=-3.29529\times10^{-3}+8.68159\times10^{-5}T_c-1.63861\times10^{-6}T_c^2+7.95344\times10^{-9}T_c^3-1.44952\times10^{-11}T_c^4$

水中盐的存在降低了气体的溶解度，相关的关系为：

$$\lg\left(\frac{R_{ws}}{R_w}\right)=-0.0840655W_s\left(1.8T_c+32\right)^{-0.285854} \tag{3.7}$$

CO_2 含量的增加，将增加气体在水中的溶解度，通过对水溶性气藏水溶气含量的测试数据统计和拟合分析，满足如下关系：

$$\lg\left(\frac{R_{wCO_2}}{R_{ws}}\right)=1.12\times\left(7y_{CO_2}+1\right)\times\left(0.0063T_c^2-0.9874T_c+158.93\right)^{-0.48} \tag{3.8}$$

式中　R_{wCO_2}——考虑地层水中气体含 CO_2 的溶解度，m^3/m^3；

　　　y_{CO_2}——天然气中 CO_2 的摩尔分数。

采用修正模型预测计算 FD-1Hb、FD-2Hb 和 FD-2Ha 砂体不同温压条件下水溶气含量（表 3.4），气藏地层条件下的三种方法水溶气含量对比见表 3.5。地层温度条件下，不同压力的水溶气含量误差对比如图 3.7 至图 3.9 所示，其中地层温压条件下，CO_2 含量较高的误差相对较大，但对比基础公式，误差已经从 66.7% 下降到了 10.5%，下降了约 6 倍，更加接近真实值；CO_2 含量较小的误差相对较小，约为 3%。综合对比实测值、基础公式和修正公式计算结果，可见修正后的公式预测的水溶气含量及溶解度更加接近实测值，具有较高的精度，所有实测值与修正公式计算结果的平均误差约为 5%。

表 3.4　不同温度压力下修正公式计算的水溶气含量　　单位：m^3/m^3

砂体	压力，MPa	温度，℃						
		40	80	100	110	120	130	145
FD-1Hb	5	3.979	3.234	3.201	3.246	3.321	3.416	3.576
	15	7.367	6.449	6.625	6.841	7.120	7.444	7.966
	25	10.096	9.074	9.406	9.768	10.232	10.770	11.641
	35	12.167	11.106	11.543	12.026	12.656	13.394	14.599
	45	13.580	12.548	13.037	13.617	14.392	15.316	16.840
	54	14.288	13.339	13.832	14.478	15.367	16.445	18.246

砂体	压力，MPa	温度，℃						
		40	80	100	110	120	130	145
FD-2Hb	5	1.864	1.515	1.500	1.521	1.556	1.601	1.676
	15	3.452	3.022	3.104	3.205	3.336	3.488	3.733
	25	4.730	4.251	4.407	4.576	4.794	5.046	5.454
FD-2Hb	35	5.701	5.204	5.408	5.635	5.930	6.276	6.840
	45	6.363	5.879	6.108	6.380	6.743	7.176	7.890
	54	6.694	6.250	6.481	6.783	7.200	7.705	8.549
FD-2Ha	5	1.833	1.490	1.474	1.495	1.530	1.574	1.647
	15	3.393	2.971	3.052	3.151	3.280	3.429	3.670
	25	4.651	4.180	4.333	4.499	4.713	4.961	5.362
	35	5.605	5.116	5.317	5.540	5.830	6.170	6.725
	45	6.255	5.780	6.005	6.272	6.629	7.055	7.757
	54	6.581	6.144	6.371	6.669	7.078	7.575	8.404

表 3.5 FD 气藏实测和公式计算水溶气含量对比

砂体	不同温度下的水溶气含量，m³/m³								
	145℃			100℃			40℃		
	实验测试值	基础公式计算值	修正公式计算值	实验测试值	基础公式计算值	修正公式计算值	实验测试值	基础公式计算值	修正公式计算值
FD-1Hb	21.542	7.174	19.289	12.102	5.167	13.832	12.49	5.515	14.288
FD-2Hb	8.766	7.174	9.038	5.6	5.167	6.481	6.23	5.515	6.694
FD-2Ha	8.632	7.174	8.885	5.974	5.167	6.371	6.23	5.515	6.581

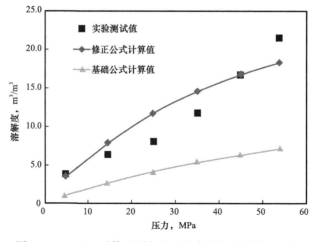

图 3.7 FD-1Hb 砂体不同方法下的水溶气含量值对比图

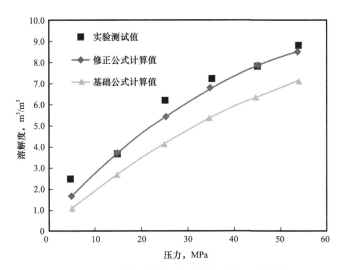

图 3.8　FD-2Hb 砂体不同方法下的水溶气含量值对比图

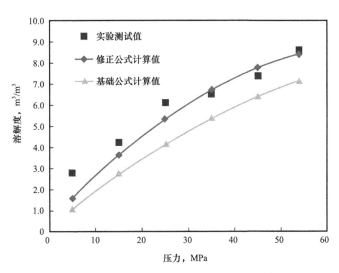

图 3.9　FD-2Ha 砂体不同方法下的水溶气含量值对比图

4 水溶性气藏储层应力敏感性特征研究

高温高压水溶性气藏的开发，打破了气藏原有压力平衡状态，导致气藏储层不同程度上受到损害，这就是储层的应力敏感性。渗透率降低是储层敏感性最主要的表现特征。应力敏感性主要受内部因素与外部因素共同作用的影响。内部因素主要是指储层岩石性质、流体性质和岩石孔隙结构等因素；外部因素主要是指在外部作业条件下导致储层微观孔隙结构和流体状态发生变化行为。FD 气藏属于高温高压水溶性气藏，该类气藏具有明显的压敏效应。受压敏效应的影响，地层水和地层水中溶解天然气的侵入规律将不同于常规气藏。为了更准确地预测地层水侵规律、明确气水运移规律，开展应力敏感性实验研究。本章采用含束缚水、变内压的方式研究了储层应力敏感机制。通过核磁共振在线监测技术，剖析了应力敏感性过程的孔隙形变特征。

4.1 应力敏感实验测试原理与流程

4.1.1 应力敏感实验原理

随着油气的采出，储层孔隙压力将逐渐降低，导致岩石骨架承受的有效应力增大，从而引起孔隙结构发生形变，这就是岩石的应力敏感性。应力敏感性的存在直接影响油气井的产能。

而岩石所受有效应力大小则可由 Terzaghi 公式计算求得：

$$\sigma = \sigma_{\text{eff}}^{T} + p \quad\quad (4.1)$$

由式（4.1）可知，由于各储层埋深不同，原始平衡状态下所受的有效应力就不同，埋藏越深，所受有效应力越大。因此，在应力敏感实验评价中，需针对特定区块采用特定的实验围压，评价的结果才能与实际相符。

4.1.2 应力敏感实验流程

针对目前采用干岩样测试得到的结果不能与实际相符的问题，研究开展了在高温下含束缚水和变内压应力敏感性测试。具体实验步骤如下：

（1）常温压条件下岩心的基本物性参数测试；

（2）建立束缚水状态；

（3）升围压并同步升内压及温度至原始地层条件（围压升至 70MPa）；

（4）测试初始条件下的渗透率和孔隙度；

（5）降内压至指定压力；

（6）测试指定内压条件下的岩心孔隙度和渗透率；

（7）重复步骤（5）～（6）实验过程至最小测试内压。

每个岩心测试 11 个内压点（54MPa、50MPa、45MPa、40MPa、35MPa、30MPa、25MPa、20MPa、15MPa、10MPa、5MPa）。

渗透率应力敏感性测试原理如图 4.1 所示。

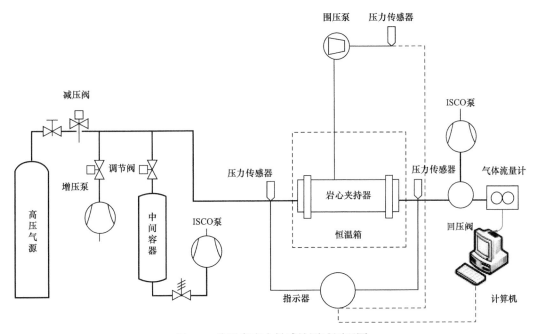

图 4.1　渗透率应力敏感性测试原理图

孔隙度应力敏感性测试采用的是变内压、不含束缚水的方式进行测试。每个岩心测试 11 个内压点（54MPa、50MPa、45MPa、40MPa、35MPa、30MPa、25MPa、20MPa、15MPa、10MPa、5MPa）。孔隙度应力敏感性测试原理如图 4.2 所示。

根据我国行业标准《储层敏感性流动实验评价方法》（SY/T 5358—2010），可以计算压敏引起的渗透率损害率 D_{k2}：

$$D_{k2} = \frac{K_1 - K'_{\min}}{K_1} \times 100\% \qquad (4.2)$$

计算压敏效应引起的不可逆渗透率损害率 D_{k3}：

$$D_{k3} = \frac{K_1' - K_{1r}}{K_1'} \times 100\% \qquad (4.3)$$

式中　D_{k2}——应力不断增加至最高点的过程中产生的渗透率损害最大值；

　　　K_1——第一个应力点对应的岩样渗透率，mD；

　　　K_{min}——达到临界应力后岩样的最小渗透率，mD；

　　　D_{k3}——应力恢复到第一个应力后产生的渗透率损害率；

　　　K_{1r}——应力恢复至第一个应力点后的渗透率，mD。

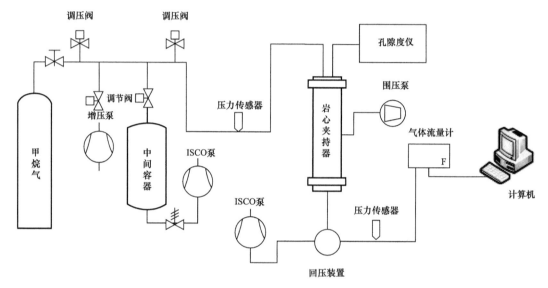

图 4.2　孔隙度应力敏感性测试原理图

通过压敏效应的渗透率损害程度评价指标（表 4.1），可以评价应力敏感程度。

表 4.1　通过压敏效应的渗透率损害程度评价指标

渗透率损害率，%	损害程度
$D_{k2} \leqslant 5$	无
$5 < D_{k2} \leqslant 30$	弱
$30 < D_{k2} \leqslant 50$	中等偏弱
$50 < D_{k2} \leqslant 70$	中等偏强
$70 < D_{k2} \leqslant 90$	强
$D_{k2} > 90$	极强

4.2　实验数据分析与评价

4.2.1　渗透率应力敏感性分析与评价

对 FD 气藏两个区块共 3 个砂体的应力敏感性进行了评价（图 4.3 至图 4.5、表 4.2）。从图表可知，束缚水状态下渗透率普遍低于常规渗透率，降低幅度与束缚水饱和度关系并不明显。随着有效应力的增加，渗透率降低，渗透率损失率与净有效应力呈指数函数关系。

FD-1 砂体较小渗透率岩样应力敏感性强于渗透率较大者；FD-2 砂体渗透率较大样品敏感性强于较小者。当净有效压力增大到最大时储层渗透率依然维持在 2mD 以上，依然保持良好的物性。

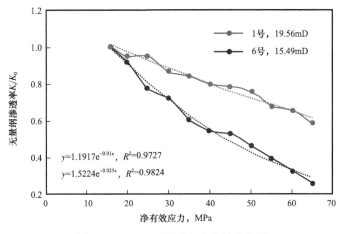

图 4.3　FD-1Hb 渗透率应力敏感特征

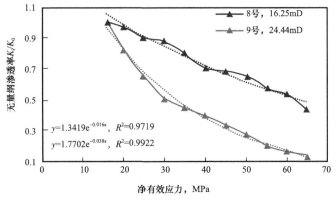

图 4.4　FD-2Hb 渗透率应力敏感特征

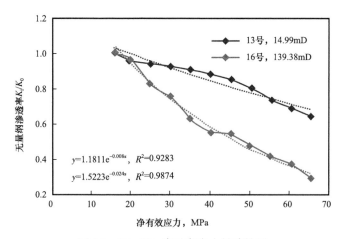

图 4.5　FD-1Ha 渗透率应力敏感特征

表 4.2　FD 气藏两个区块典型岩样应力敏感测试结果

编号	区块	层位	孔隙度 %	渗透率 mD	束缚水状态下渗透率 mD	束缚水饱和度，%	衰竭开采过程最小渗透率，mD	无量纲渗透率损失率，%	敏感程度
6	FD-1	Hb	16.270	15.492	15.306	28.745	4.011	73.793	强
1	FD-1	Hb	20.670	19.560	3.883	11.333	2.289	41.041	中等偏弱
8	FD-2	Hb	12.780	16.248	6.696	33.255	2.977	55.538	中等偏强
9	FD-2	Hb	16.680	24.444	21.974	28.835	2.971	86.478	强
13	FD-2	Ha	17.360	14.988	6.859	22.662	4.482	35.748	中等偏弱
16	FD-2	Ha	21.730	139.380	10.387	21.125	3.041	70.719	强

　　含束缚水、高温、变内压应力敏感性与常规测试结果有所不同。通过对比可以发现，常规应力敏感性与含束缚水应力敏感性测试对比（图4.6、表4.3），含束缚水变内压应力敏感性测试结果大于不含束缚水应力敏感性测试结果，原因在于净有效应力的增加会造成束缚水以及孔喉大小的重新分布。

表 4.3　常规应力敏感性测试结果表

编号	区块	井号	层位	孔隙度，%	渗透率，mD	无量纲渗透率损失率，%	敏感程度
1-1	FD-1	FD-1-4	Hb	22.18	17.32	13.00	弱
1-2	FD-1	FD-1-4	Hb	20.55	10.05	8.89	弱

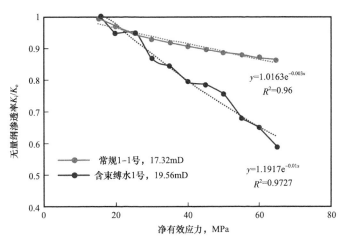

图 4.6　不同测试方法下应力敏感性对比

结合应力敏感性过程孔隙形变及流体赋存特征（图 4.7）分析可知，对于实际开采过程，此现象主要存在于压力降落较大的近井地带，但是由于气体流速较高，孔喉缩小导致束缚水封闭渗流通道的现象将会减弱，因此实际开采过程应力敏感性程度应弱于室内带束缚水应力敏感性测试结果。

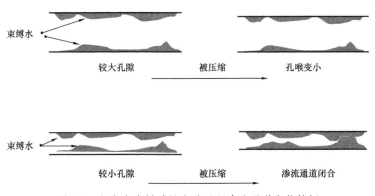

图 4.7　室内应力敏感性实验过程渗流通道变化特征

4.2.2　孔隙度应力敏感性分析与评价

针对 FD 气藏两个区块共 3 个砂体的孔隙度应力敏感性进行了测试（表 4.4、表 4.5、图 4.8 至图 4.13）。FD-1 和 FD-2 砂体岩样孔隙度和压缩系数伤害程度与有效应力呈幂函数关系。孔隙度随围压升高略微下降，总降低率低于 5%，平均为 3.01%。岩石压缩系数随有效应力升高而下降，且随压力不断升高，降低幅度越来越小。

表4.4　FD气藏两个区块典型岩样孔隙度应力敏感性测试表

岩心号	4		3		17	
围压，MPa	ϕ_i/ϕ_0	C_f, $10^{-4}MPa^{-1}$	ϕ_i/ϕ_0	C_f, $10^{-4}MPa^{-1}$	ϕ_i/ϕ_0	C_f, $10^{-4}MPa^{-1}$
15.00	1.000	4.918	1.000	4.417	1.000	6.614
19.99	0.989	4.643	0.992	4.109	0.995	5.291
24.99	0.980	4.273	0.989	3.489	0.991	4.544
29.99	0.974	3.902	0.986	3.064	0.986	4.065
35.00	0.969	3.583	0.984	2.729	0.982	3.731
40.00	0.965	3.318	0.982	2.472	0.977	3.474
44.99	0.961	3.091	0.981	2.245	0.975	3.210
50.00	0.957	2.894	0.979	2.075	0.972	2.988
55.00	0.954	2.729	0.978	1.930	0.968	2.868
60.00	0.951	2.591	0.977	1.801	0.964	2.742
65.00	0.948	2.471	0.976	1.682	0.962	2.603
岩心号	14		11		12	
围压，MPa	ϕ_i/ϕ_0	C_f, $10^{-4}MPa^{-1}$	ϕ_i/ϕ_0	C_f, $10^{-4}MPa^{-1}$	ϕ_i/ϕ_0	C_f, $10^{-4}MPa^{-1}$
15.00	1.000	6.115	1.000	7.169	1.000	9.337
19.99	0.997	4.727	0.993	5.744	0.993	7.367
24.99	0.994	3.925	0.989	4.762	0.990	5.978
29.99	0.991	3.434	0.986	4.075	0.987	5.052
35.00	0.988	3.092	0.983	3.573	0.985	4.371
40.00	0.986	2.803	0.981	3.192	0.984	3.865
44.99	0.985	2.512	0.979	2.892	0.982	3.474
50.00	0.984	2.292	0.977	2.648	0.981	3.159
55.00	0.984	2.094	0.975	2.445	0.980	2.893
60.00	0.983	1.931	0.974	2.274	0.979	2.673
65.00	0.983	1.794	0.972	2.128	0.978	2.481

表 4.5　FD 气藏两个区块典型岩样孔隙度应力敏感性测试拟合结果

编号	区块	井号	层位	孔隙度，%	渗透率，mD	ϕ_i/ϕ_0 与应力关系	C_f 与应力关系
3	FD–1	FD–1–4	Hb	20.980	21.204	$y=1.04x^{-0.015}$ $R^2=0.9795$	$y=31.642x^{-0.696}$ $R^2=0.9878$
4	FD–1	FD–1–4	Hb	18.180	17.952	$y=1.1014x^{-0.036}$ $R^2=0.9994$	$y=20.411x^{-0.498}$ $R^2=0.9786$
11	FD–2	FD–2–2	Hb	15.630	24.252	$y=1.0506x^{-0.019}$ $R^2=0.9974$	$y=69.655x^{-0.836}$ $R^2=0.9998$
12	FD–2	FD–2–2	Hb	16.880	23.076	$y=1.0379x^{-0.014}$ $R^2=0.9843$	$y=111.73x^{-0.912}$ $R^2=0.9998$
14	FD–2	FD–2–8d	Ha	20.260	84.900	$y=1.0353x^{-0.013}$ $R^2=0.9792$	$y=55.477x^{-0.817}$ $R^2=0.9982$
17	FD–2	FD–2–8d	Ha	21.340	314.544	$y=1.08x^{-0.027}$ $R^2=0.9822$	$y=34.163x^{-0.62}$ $R^2=0.9965$

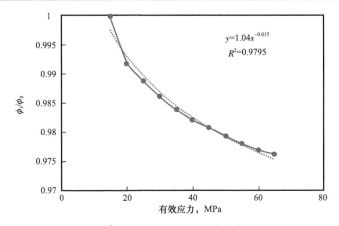

图 4.8　$3^{\#}$ 岩样孔隙度与净有效应力的关系

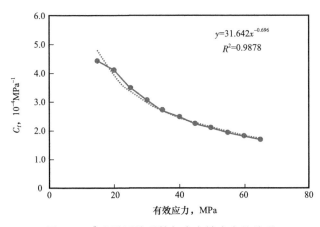

图 4.9　$3^{\#}$ 岩样压缩系数与净有效应力的关系

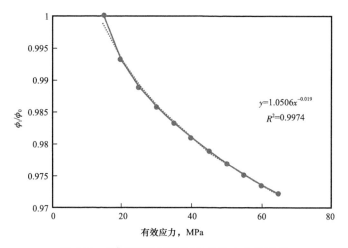

图 4.10　11# 岩样孔隙度与净有效应力的关系

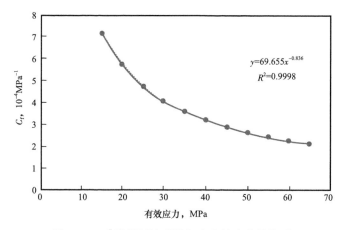

图 4.11　11# 岩样压缩系数与净有效应力的关系

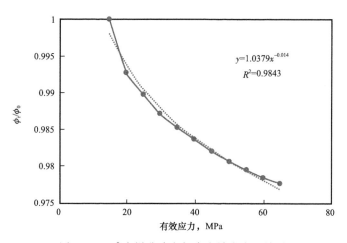

图 4.12　12# 岩样孔隙度与净有效应力的关系

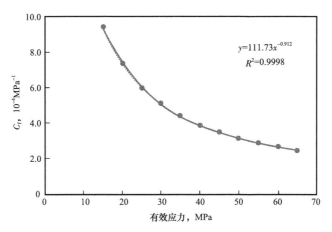

图 4.13 12# 岩样压缩系数与净有效应力的关系

4.3 储层应力敏感过程孔隙形变特征研究

气藏衰竭开采过程中，孔隙内压力不断降低，造成净有效应力不断增加，从而导致孔隙压缩，产生形变，本研究引入高温高压核磁共振在线检测系统有效检测不同净有效应力状态下岩样孔隙信号量，以此评价孔隙压缩特征、形变特征，从微观揭示应力敏感机制。

4.3.1 核磁共振在线测试孔隙形变特征原理

正如在核磁共振实验中发现，当岩心饱和水后，越小孔隙的弛豫时间 T_2 越小；越大孔隙的弛豫时间 T_2 越大。通过高温高压核磁共振在线检测，得到不同应力状态下岩心内饱和水的弛豫时间 T_2 分布图（即 T_2 谱），便可定量求取不同应力状态下不同尺度空间孔隙含量的变化规律。图 4.14 为一块典型 FD 气藏岩样应力敏感性过程孔隙形变的 T_2 谱，为双峰结构的形状。根据经验可将左锋下的部分视为小孔隙含量，而右峰的面积视为大孔隙含量。

测试过程主要对不同应力状态下的饱和水岩样进行核磁共振检测。应力敏感性过程核磁共振在线检测步骤如下。

（1）岩样准备：钻取规格岩样，采用真空干燥箱将岩样干燥至恒重，测量岩样干重、长度和直径。

（2）渗透率测试：按照岩样克氏渗透率测试行业标准《岩心分析方法》的要求，测试岩样渗透率。

（3）孔隙度测试：将岩样烘干至恒重，测量岩样干重，将岩样抽真空，然后加压饱和地层水，测量岩样湿重，同时进行核磁测试，计算孔隙度。

（4）岩样饱和水常压状态测核磁：将饱和好地层水的岩样在常压状态下进行核磁测试。

（5）加大围压，重复步骤（4）。

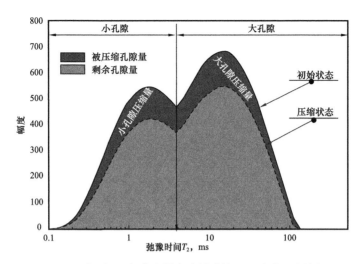

图 4.14 典型 FD 气藏岩样应力敏感性过程孔隙形变特征

4.3.2 孔隙形变测试数据分析与评价

针对 FD 气藏两个区块共 3 个砂体选取了 12 块典型样品进行核磁共振在线检测净有效应力变化过程孔隙形变特征。所选样品基础物性参数见表 4.6，典型样品测试结果如图 4.15 所示。

表 4.6　孔隙形变核磁共振在线检测样品基础物性参数

编号	区块	井号	层位	深度，m	ϕ，%	K，mD
2	FD-1	FD-1-4	Hb	2870.20	19.85	14.95
5	FD-1	FD-1-4	Hb	2868.20	18.48	19.39
4	FD-1	FD-1-4	Hb	2867.20	18.18	17.95
3	FD-1	FD-1-4	Hb	2868.30	20.98	21.20
7	FD-2	FD-2-2	Hb	3136.18	16.35	12.82
11	FD-2	FD-2-2	Hb	3132.65	15.63	24.25
12	FD-2	FD-2-2	Hb	3133.96	16.88	23.08
10	FD-2	FD-2-2	Hb	3130.02	19.32	29.40
18	FD-2	FD-2-8d	Ha	3082.70	18.23	35.06
17	FD-2	FD-2-8d	Ha	3088.55	21.34	314.54
14	FD-2	FD-2-8d	Ha	3087.40	20.26	84.90
15	FD-2	FD-2-8d	Ha	3078.90	22.09	355.72

净有效应力增大必然引起孔隙形变，通过核磁共振在线检测可分析不同区块在不同净有效应力下的孔隙形变特征（图 4.16、图 4.17）。

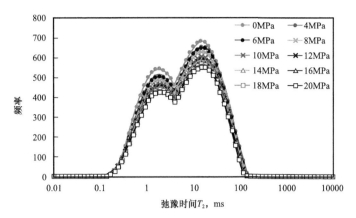

图 4.15 典型样品不同净有效应力状态下 T_2 图谱

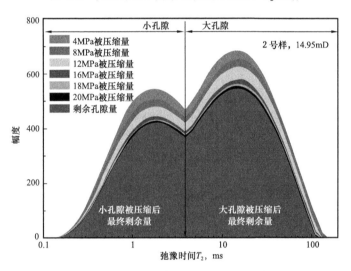

图 4.16 FD–1 不同净有效应力下压缩量分析

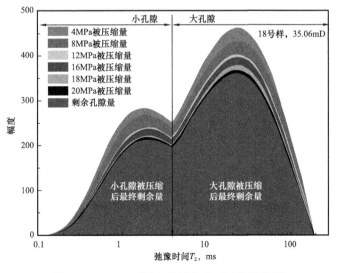

图 4.17 FD–2 不同净有效应力下压缩量分析

不断加大净有效压力，右峰下降幅度稍大，说明大孔隙比小孔隙被压缩幅度稍大，但几乎同等程度被压缩，说明 FD 气藏储层物性好、均质性较强。随着净有效应力的增大，孔隙被压缩量不断增大，孔隙在最初阶段被显著压缩，并且净有效压力增加幅度越大，压缩越明显，净有效压力增加到 18MPa 后依然能被压缩，但是压缩量增加幅度放缓；FD-2 比 FD-1 被压缩幅度稍大。同时，通过 T_2 谱还可定量分析不同尺度空间孔隙形变特征（表 4.7），从表 4.7 中可以得出以下主要特征。

表 4.7　FD 气藏应力敏感 NMR 在线检测结果

序号	孔隙度 %	渗透率 mD	不同净有效压力下的孔隙度损失								
			4MPa			8MPa			12MPa		
			小孔隙	大孔隙	总损	小孔隙	大孔隙	总损	小孔隙	大孔隙	总损
2	19.85	14.95	0.006	0.002	0.008	0.011	0.009	0.02	0.016	0.018	0.035
5	18.48	19.39	0.011	0.009	0.019	0.012	0.013	0.026	0.015	0.016	0.031
4	18.18	17.95	0.006	0.002	0.008	0.013	0.005	0.018	0.015	0.007	0.023
3	20.98	21.20	0.004	0.002	0.006	0.007	0.004	0.011	0.01	0.008	0.018
7	16.35	12.82	0.006	0.006	0.012	0.013	0.009	0.022	0.013	0.012	0.025
11	15.63	24.25	0.006	0.003	0.009	0.008	0.004	0.012	0.009	0.004	0.013
12	16.88	23.08	0.014	0.003	0.016	0.016	0.003	0.019	0.016	0.004	0.02
10	19.32	29.40	0.004	0.001	0.005	0.008	0.004	0.012	0.008	0.005	0.013
18	18.23	35.06	0.004	0.005	0.01	0.012	0.016	0.027	0.012	0.018	0.03
17	21.34	314.54	0.004	0.004	0.008	0.006	0.007	0.013	0.009	0.012	0.021
14	20.26	84.90	0.004	0.007	0.011	0.005	0.009	0.014	0.006	0.011	0.017
15	22.09	355.72	0.006	0.008	0.014	0.007	0.009	0.016	0.008	0.012	0.02
序号	孔隙度 %	渗透率 mD	不同净有效压力下的孔隙度损失								
			16MPa			18MPa			20MPa		
			小孔隙	大孔隙	总损	小孔隙	大孔隙	总损	小孔隙	大孔隙	总损
2	19.85	14.95	0.018	0.021	0.039	0.019	0.023	0.042	0.02	0.024	0.044
5	18.48	19.39	0.016	0.017	0.033	0.018	0.019	0.037	0.019	0.019	0.038
4	18.18	17.95	0.016	0.01	0.026	0.02	0.011	0.031	0.021	0.012	0.033
3	20.98	21.20	0.013	0.012	0.026	0.015	0.014	0.029	0.016	0.016	0.032
7	16.35	12.82	0.016	0.016	0.032	0.02	0.019	0.039	0.022	0.02	0.042
11	15.63	24.25	0.012	0.008	0.02	0.013	0.009	0.022	0.013	0.01	0.023

续表

序号	孔隙度 %	渗透率 mD	不同净有效压力下的孔隙度损失								
			16MPa			18MPa			20MPa		
			小孔隙	大孔隙	总损	小孔隙	大孔隙	总损	小孔隙	大孔隙	总损
12	16.88	23.08	0.016	0.005	0.021	0.016	0.006	0.022	0.017	0.006	0.023
10	19.32	29.40	0.009	0.005	0.014	0.01	0.005	0.015	0.01	0.006	0.016
18	18.23	35.06	0.015	0.024	0.039	0.016	0.027	0.043	0.017	0.029	0.045
17	21.34	314.54	0.012	0.018	0.029	0.014	0.022	0.035	0.015	0.023	0.038
14	20.26	84.90	0.010	0.017	0.027	0.012	0.02	0.031	0.023	0.024	0.045
15	22.09	355.72	0.010	0.019	0.029	0.012	0.022	0.035	0.014	0.025	0.038

（1）小孔隙形变大小随净有效应力大小变化特征。

由图 4.18 至图 4.20 可知，净有效应力增加到 20MPa 过程中 FD-1 小孔隙应力敏感性造成孔隙度损失为 0.004～0.019；FD-2Hb 为 0.004～0.021；FD-2Ha 为 0.004～0.027。小孔隙孔隙度损失在 2% 以内；渗透率较大的样品，小孔隙损失率较小。

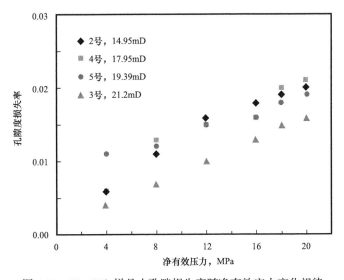

图 4.18　FD-1Hb 样品小孔隙损失率随净有效应力变化规律

（2）大孔隙形变大小随净有效应力大小变化特征。

由图 4.21 至图 4.23 可知，净有效应力增加到 20MPa 过程中 FD-1 大孔隙应力敏感性造成孔隙度损失为 0.0004～0.0241；FD-2Hb 为 0.0010～0.0201；FD-2Ha 为 0.0041～0.0243。孔隙度损失基本在 2% 以内，渗透率较大的样品，大孔隙损失率相对较小，渗透率超过 80mD 以后大孔隙损失率比较接近。

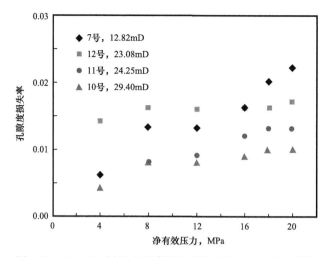

图 4.19　FD-2Hb 样品小孔隙损失率随净有效应力变化规律

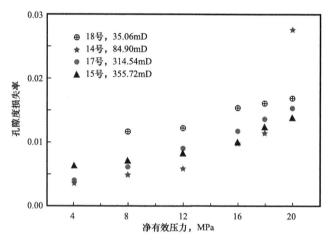

图 4.20　FD-2Ha 样品小孔隙损失率随净有效应力变化规律

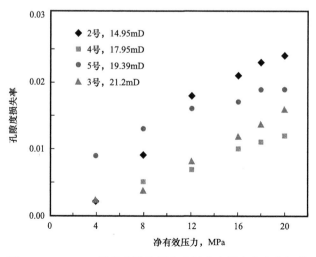

图 4.21　FD-1Hb 样品大孔隙损失率随净有效应力变化规律

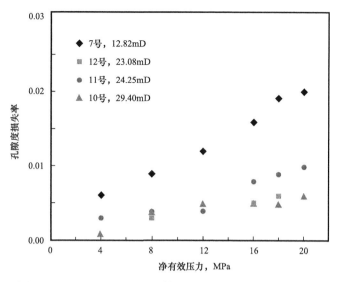

图 4.22　FD–2Hb 样品大孔隙损失率随净有效应力变化规律

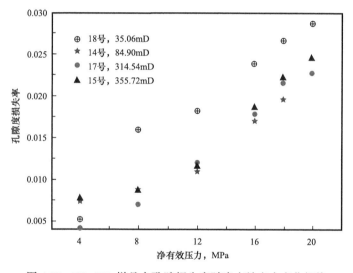

图 4.23　FD–2Ha 样品大孔隙损失率随净有效应力变化规律

（3）总孔隙形变大小随净有效应力大小变化特征。

由图 4.24 至图 4.26 可知，净有效应力增加到 20MPa 过程中 FD–1 孔隙度损失为 0.006～0.044；FD–2Hb 为 0.005～0.041；FD–2Ha 为 0.008～0.045；FD–2 应力敏感性稍强。孔隙度损失基本在 4% 以内，平均为 3.29%，渗透率较大的样品，孔隙度被压缩率比较接近且相对较小；渗透率超过 80mD 以后孔隙度损失比较接近。NMR 研究结论与常规应力敏感性测试结果孔隙度损失率平均均为 3%（表 4.8），两种方法的结论比较接近。

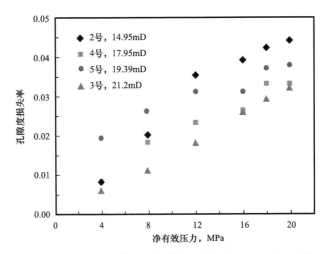

图 4.24　FD-1Hb 样品总孔隙损失率随净有效应力变化规律

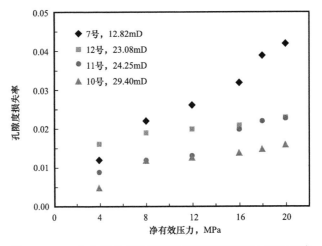

图 4.25　FD-2Hb 样品总孔隙损失率随净有效应力变化规律

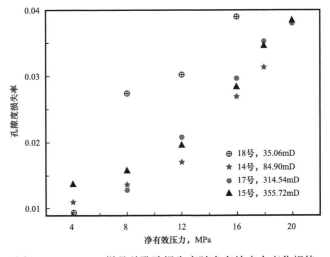

图 4.26　FD-2Ha 样品总孔隙损失率随净有效应力变化规律

表 4.8　两种方法测试的孔隙度损失率表

岩心号	常规应力敏感性孔隙损失率	核磁测应力敏感性孔隙损失率
4	0.052	0.033
3	0.024	0.032
17	0.038	0.038
14	0.017	0.045
11	0.028	0.023
12	0.022	0.023
平均	0.030	0.032

4.4　应力敏感性下束缚水赋存特征研究

　　高温高压水溶性气藏在衰竭开采过程中，由于地层内部压力降低，而净有效压力增加，岩石被压缩，束缚水将被挤压，束缚水在多孔介质中的赋存状态可能发生变化。采用核磁共振可以在线检测束缚水在岩石被压缩过程中的赋存变化特征。该测试方法与前面孔隙形变核磁共振在线检测方法基本相同，主要的区别在于，束缚水赋存特征在线监测需要先建立束缚水饱和度，而孔隙形变核磁共振在线检测中岩样始终处于饱和状态。实验对 FD 气藏 5 块岩样进行了束缚水在应力敏感性过程中的赋存特征研究，研究结果如图 4.27 至图 4.31 所示，图中表明：随有效应力的不断增加，束缚水在岩石骨架挤压作用下的赋存特征变化不明显。表明束缚水发生变化，只有当储层发生显著压缩，对束缚水进行挤压，造成微观孔隙间通道变窄和毛细管上下壁面水膜相互接触，束缚水开始运移，否则很难引起束缚水的明显变化。FD 气藏储层物性较好，孔喉较大，在岩石和孔隙结构微量压缩下束缚水难以通过挤压发生运移，这就是该气藏束缚水赋存特征没发生明显变化的原因。

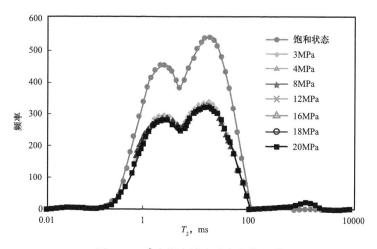

图 4.27　4#岩样束缚水赋存变化图谱

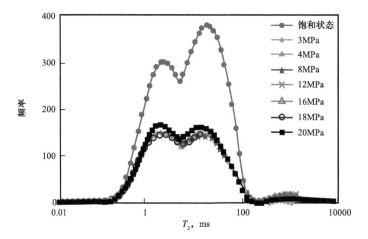

图 4.28　11#岩样束缚水赋存变化图谱

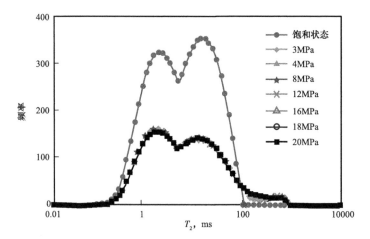

图 4.29　12#岩样束缚水赋存变化图谱

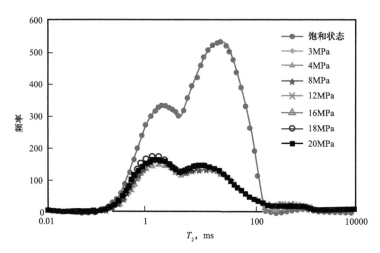

图 4.30　14#岩样束缚水赋存变化图谱

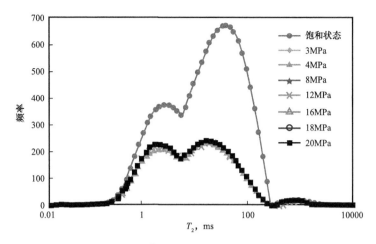

图 4.31   17# 岩样束缚水赋存变化图谱

5 水溶性气藏气水界面变化规律研究

地层水对气藏的开发影响较大[176-181]。对于高温高压水溶性气藏的开发，除了考虑边底水对气藏开发的影响之外，还需要考虑地层水中水溶气释放对气藏开发的影响。水溶性气藏在衰竭开采过程中，地层水中水溶气释放对气藏水侵和气井见水都有影响，一般认为高温高压气藏底水中水溶气释放将分为两个阶段。（1）开发之初。压力下降较小，溶解气释放量相对较小，将以气泡等非连续相形式溶于地层水中，引起地层水膨胀，气水界面抬升。（2）随着开发的进行，压力下降到一定值以后，溶解气大量释放，将以气相连续相形式从地层水中析出，在重力分异作用下气水界面下降。然而，行业并没有形成统一的认识，因此研究开展了水溶性气藏水溶气在低压和高压下的释放过程的实验，总结水溶气释放规律，并通过建立水溶性气藏数值模拟模型，模拟了水溶气释放对锥进区域和非锥进区域的水侵规律，获得了水溶性气藏气水运移对多孔介质中气水界面的影响规律。

5.1 水溶气释放对气水界面影响的实验研究

5.1.1 实验材料选择

在水溶性气藏水溶气释放过程的实验中，为了使实验现象更加明显，易于观察，实验中选用的气体介质应该在地层水中具有较大的溶解度，降压过程脱气量才大，气水界面变化的微观现象才更容易捕捉。研究者发现[182-185]，在相同的温度压力条件下，天然气各组分在水中的溶解度按大小排列为：二氧化碳＞甲烷＞氮＞乙烷＞丙烷＞正丁烷＞异丁烷＞戊烷，水中的溶解度最大的气体介质为 CO_2。为了探索水溶气释放规律，在水溶性气藏地层水水溶气释放的物理实验中，选用的气体介质为 CO_2，在常温下 CO_2 在水中的溶解度曲线如图 5.1 所示。

5.1.2 实验仪器与步骤

实验采用 LXQ–Ⅱ型高温高压可视化 PVT 仪。仪器各项指标为：温度为 –30～200℃，精度为 0.1℃；压力为 0.1～70MPa，精度为 0.01MPa，PVT 筒容量为 200mL。该 PVT 仪有可视化窗口，通过可视化窗口适时监测水溶气释放过程中的气水界面变化情况，并可通过高速摄像仪进行拍照，实验流程结构如图 5.2 所示。

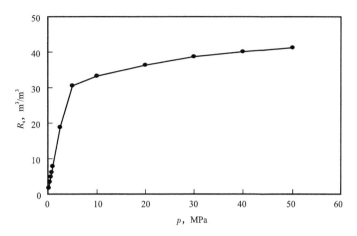

图 5.1 CO_2 在水中的溶解度曲线（20℃）

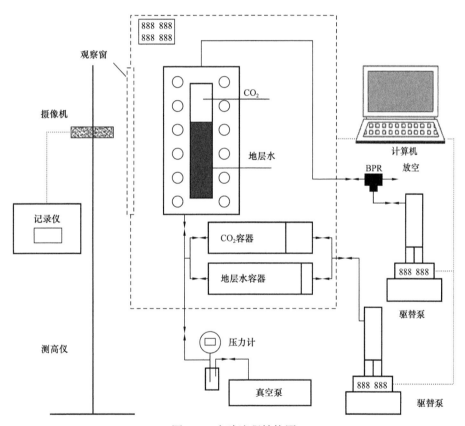

图 5.2 实验流程结构图

　　为了研究水溶气释放过程中不同原始压力状态下气水界面的变化情况，设置了两组实验。第一组为 CO_2 在 8MPa、25℃条件下，逐渐降低回压阀的压力，使压力以缓慢的速度下降，观测气水界面的变化情况；第二组为 CO_2 在 0.7MPa、25℃条件下，监测在自然降压过程中水溶气释放过程中气水界面变化情况。

根据实验要求，具体实验步骤如下：

（1）为使 PVT 仪不至于受到损伤，PVT 筒处于垂直状态并填入 20 目的石英砂，为便于 PVT 筒清洗，石英砂不用太胶结，实验过程气体自然降压析出；

（2）将地层水（加入蓝墨水）饱和二氧化碳，并注入到 PVT 筒的 2/3 处，上部留 1/3 的 PVT 筒空间充满 CO_2；

（3）缓慢降压，进行水溶性气藏衰竭开采过程模拟，并通过摄像仪监测 PVT 筒中石英砂的气水界面的变化情况。

5.1.3 实验测定结果与分析

分别在不同条件下进行了两组实验：实验一在 8MPa、25℃条件下，实验二在 0.7MPa、25℃条件下。

（1）实验一。CO_2 在 8MPa、25℃条件下，逐渐降低回压，整个过程压力从 8MPa 缓慢降到 0.1MPa，中间观测五个点（图 5.3、图 5.4）。实验表明压力从 8MPa 降到 6MPa 的过程中，水体中气核逐渐融合，形成气泡，气泡携带液相形成气液混合物开始向上运移，混合物上升的高度与初始气水界面相比高出约 2.5cm；当压力继续下降到 5MPa 时，形成气液混合物回落至气水界面，然后整个气水界面开始上升，主要原因在于气泡逐渐形成连续相，气泡以气态形式释放到气体中，导致气液混合物下降，但由于压力的降低，水中的溶解气膨胀导致气水界面略有上升；当压力继续降低时，气核逐渐融合形成气泡，气泡携带地层水在多孔介质中运移，由于压力降低，地层水自身泄压向低压处流动以及毛细管力的多重作用使得气水界面不断上升；当压力降到 1MPa 时，气水界面与初始气水界面相比高出约 2.5cm；但当能量趋于衰竭状态时，重力分异使得本已上升的气水界面会有一定程度的回落，当压力降到 0.1MPa 时，气水界面回落到距离原始界面约 1.5cm 处，最后，气水界面保持在此高度不变。

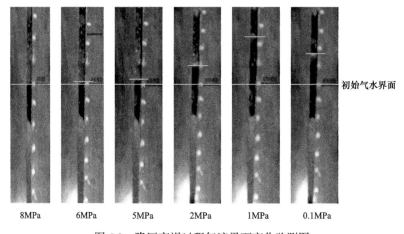

图 5.3 降压衰竭过程气液界面变化监测图

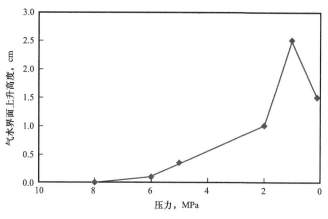

图 5.4　降压过程气水界面变化图

（2）实验二。CO_2 在 0.7MPa、25℃条件下，逐渐降低回压，整个过程压力从 0.7MPa 缓慢降到 0.1MPa，中间观测三个点（图 5.5、图 5.6）。气水界面在自然降压过程中，同样经历了先上升后回落，在压力降到 0.2MPa 时，气水界面最高比初始界面高出 0.4cm，当压力下降到 0.1MPa 时气水界面最终状态仍然高于初始状态，与实验一结果相同。

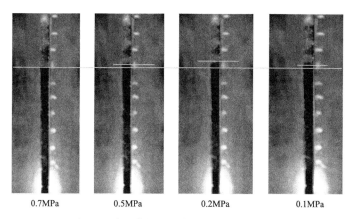

0.7MPa　　0.5MPa　　0.2MPa　　0.1MPa

图 5.5　降压衰竭过程气液界面变化监测图

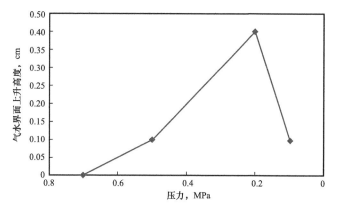

图 5.6　降压过程气水界面变化图

两组实验获得相同的结论，即富含水溶气的气藏在恒温体系中，随地层压力的降低，气水界面呈现出先上升后下降的趋势。其主要原因在于气体从水体中释放出来，且由气核逐渐融合形成气泡，气泡携带地层水在多孔介质中开始运移，随后由于压力下降，地层水自身泄压向低压处流动以及毛细管力的多重作用使得气水界面不断上升。当能量趋于衰竭状态时，重力分异使得本已上升的气水界面会一定程度的回落。

5.2　水溶气释放对气水界面影响的数值模拟研究

5.2.1　水溶性气藏数学模型的建立

5.2.1.1　基本假设条件

高温高压水溶性气藏与常规气藏存在差别，主要在于水溶气在水体中的溶解和释放造成渗流机理的并不一致[176]。因此本文考虑地层水水溶气的释放在开发过程中的运移变化规律，建立了三维气水两相水溶性气藏数学模型。为了更有效地建立该类数学模拟，特假设如下。

（1）气藏中只存在气水两相，渗流均遵守达西定律。

（2）水气组分，在气藏条件下气水两相间只有质量交换，交换形式只有溶解和分离；气藏中气体的溶解和逸出是瞬间完成的，即认为气藏中气水两相瞬时达到相平衡状态。

（3）渗流为等温渗流。

（4）考虑重力和毛细管压力、黏滞力影响。

（5）岩石微可压缩，流体可压缩。

（6）天然气要溶解于地层水中。

（7）地层水矿化度保持不变。

5.2.1.2　数学模型的建立

（1）质量守恒方程。

选取油藏的微元控制体，根据质量守恒原理，油气藏单元控制体中的流入流体总质量等于单元控制体中流体质量的净增量加上在单元控制体的流出流体总质量（图5.7）。

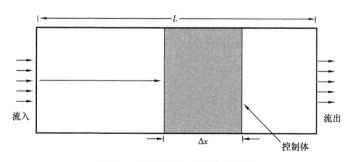

图 5.7　油气藏微元控制体示意图

根据气藏单元控制体的质量守恒方程（流入 – 流出 = 质量累计变化），建立多相流质量守恒方程：

$$\nabla \dot{m}_l = \frac{\partial(m_l)}{\partial t} + \tilde{q}_l \tag{5.1}$$

其中每一相的质量：$m_g = \phi \rho_g S_g + \phi \tilde{\rho}_{dg} S_w$ ；$m_w = \phi \rho_w S_w$ ；$\rho_w = \tilde{\rho}_w + \tilde{\rho}_{dg}$。
每一相的质量流速为：$\dot{m}_g \quad \rho_g v_g + \tilde{\rho}_{dg} v_w$ ；$\dot{m}_w \quad \rho_w v_w$。
得到水相的质量守恒方程：

$$-\nabla \cdot (\rho_w v_w) = \frac{\partial}{\partial t}(\phi S_w \rho_w) + \tilde{q}_w \tag{5.2}$$

气相的质量守恒方程：

$$-\nabla \cdot (\rho_g v_g + \tilde{\rho}_{dg} v_w) = \frac{\partial}{\partial t}(\phi S_g \rho_g + \phi S_w \tilde{\rho}_{dg}) + \tilde{q}_{fg} + \tilde{q}_{dg} \tag{5.3}$$

式中　$\dot{m}_l$——某相流体质量流速，kg/s ；

m_l——某相流体质量，kg ；

$\tilde{q}_l$——某相流体流量，m³/d ；

$\tilde{q}_{fg}$——自由气流量，m³/d ；

$\tilde{q}_{dg}$——溶解气流量，m³/d ；

ρ_g、ρ_w——气密度、水密度，kg/m³ ；

$\tilde{\rho}_{dg}$——溶解气密度，kg/m³ ；

S_g、S_w——气饱和度、水饱和度；

ϕ——孔隙度；

v_g、v_w——气速度、水速度，m/s ；

下标 l——代表 g 或者 w。

（2）运动方程。

气水两相流服从达西定律，因此气水两相的运动方程为：

水相的运动方程：

$$v_w = -\frac{KK_{rw}}{\mu_w}(\nabla p_w - \gamma_w \nabla h) \tag{5.4}$$

气相的运动方程：

$$v_g = -\frac{KK_{rg}}{\mu_g}\left(\nabla p_g - \gamma_g \nabla h\right) \quad\quad (5.5)$$

式中　K_{rg}、K_{rw}——气相对渗透率、水相对渗透率；

　　　　μ_g、μ_w——气黏度、水黏度，mPa·s；

　　　　p_g、p_w——气相压力、水相压力，MPa；

　　　　K——渗透率，D；

　　　　γ_g、γ_w——气重度、水重度，kPa/m。

（3）流动方程组的建立。

将气水两相的运动方程分别带入到质量守恒方程中，经推导得到考虑水溶气的气水两相流动方程。

水相流动方程：

$$\nabla \cdot \left\{\frac{\rho_w KK_{rw}}{\mu_w}\left(\nabla p_w - \gamma_w \nabla h\right)\right\} = \frac{\partial}{\partial t}\left(\phi S_w \rho_w\right) + \tilde{q}_w \quad\quad (5.6)$$

气相流动方程：

$$\nabla \cdot \left\{\frac{\rho_g KK_{rg}}{\mu_g}\left(\nabla p_g - \gamma_g \nabla h\right) + \frac{\tilde{\rho}_{dg} KK_{rw}}{\mu_w}\left(\nabla p_w - \gamma_w \nabla h\right)\right\}$$
$$= \frac{\partial}{\partial t}\left(\phi S_g \rho_g + \phi S_w \tilde{\rho}_{dg}\right) + \tilde{q}_{fg} + \tilde{q}_{dg} \quad\quad (5.7)$$

由于 $\rho_w = \tilde{\rho}_o + \tilde{\rho}_{dg} = \frac{1}{B_w}\left(\rho_w{}^{STC} + R_s \rho_g{}^{STC}\right)$ 和 $\rho_g = \frac{1}{B_g}\left(\rho_g{}^{STC}\right)$，进一步转化流动方程，获得水溶性气藏的基本流动方程组：

$$\begin{cases} \nabla \cdot \left\{\dfrac{KK_{rw}}{\mu_w B_w}\left(\nabla p_w - \gamma_w \nabla h\right)\right\} = \dfrac{\partial}{\partial t}\left[\dfrac{\phi S_w}{B_w}\right] + q_w \\[3mm] \nabla \cdot \left\{\dfrac{R_s KK_{rw}}{\mu_w B_w}\left(\nabla p_w - \gamma_w \nabla h\right) + \dfrac{KK_{rg}}{\mu_g B_g}\left(\nabla p_g - \gamma_g \nabla h\right)\right\} \\[3mm] = \dfrac{\partial}{\partial t}\left[\phi\left(\dfrac{R_s}{B_w}S_w + \dfrac{S_g}{B_g}\right)\right] + R_s q_w + q_{fg} \end{cases} \quad\quad (5.8)$$

封闭外边界：

$$\left.\frac{\partial p}{\partial x}\right|_{x=0}=0,\left.\frac{\partial p}{\partial y}\right|_{y=0}=0 \tag{5.9}$$

$$\left.\frac{\partial p}{\partial x}\right|_{x=x_e}=0,\left.\frac{\partial p}{\partial y}\right|_{y=y_e}=0 \tag{5.10}$$

定压内边界：

$$p\big|_{(x=0,\ y=0)}=p_{wf} \tag{5.11}$$

初始条件：

$$p_f\big|_{t=0}=p_i,\ p_m\big|_{t=0}=p_i \tag{5.12}$$

式中　p_{wf}、p_i——井底流压、原始地层压力，MPa；

B_g、B_w——气体积系数、水体积系数；

R_s——天然气在水中的溶解度，m^3/m^3；

t——时间，d；

x、y、z——长度，m。

5.2.1.3　数值模型离散及线性化处理

水溶性气藏的渗流方程组采用数值模拟的方法求取数值解。应用有限差分法，块中心差分格式在二维空间和时间下离散方程得到相应的差分方程。首先对水溶性气藏假设，根据基本流动方程获得水溶性气藏偏微分方程组：

$$\begin{cases}\nabla\cdot\left\{\dfrac{KK_{rw}}{\mu_w B_w}\nabla\Phi_w\right\}+q_w=\dfrac{\partial}{\partial t}\left[\dfrac{\phi S_w}{B_w}\right]\\[3mm]\nabla\cdot\left\{\dfrac{R_s KK_{rw}}{\mu_w B_w}\nabla\Phi_w+\dfrac{KK_{rg}}{\mu_g B_g}\nabla\Phi_g\right\}+R_w q_w+q_{fg}\\[3mm]=\dfrac{\partial}{\partial t}\left[\phi\left(\dfrac{R_s}{B_w}S_w+\dfrac{S_g}{B_g}\right)\right]\end{cases} \tag{5.13}$$

式中　Φ——压力，MPa。

在忽略重力影响下，简化水溶性气藏水气二维二相渗流数学模型：

$$\frac{\partial}{\partial x}\left(\frac{KK_{rw}}{\mu_w B_w}\frac{\partial p_w}{\partial x}\right)+\frac{\partial}{\partial y}\left(\frac{KK_{rw}}{\mu_w B_w}\frac{\partial p_w}{\partial y}\right)+q_w=\frac{\partial}{\partial t}\left(\frac{\phi S_w}{B_w}\right)$$

$$\frac{\partial}{\partial x}\left(\frac{R_s KK_{rw}}{\mu_w B_w}\frac{\partial p_w}{\partial x}\right)+\frac{\partial}{\partial y}\left(\frac{R_s KK_{rg}}{\mu_w B_w}\frac{\partial p_w}{\partial y}\right)+\frac{\partial}{\partial x}\left(\frac{KK_g}{\mu_g B_g}\frac{\partial p_g}{\partial x}\right)+\frac{\partial}{\partial y}\left(\frac{KK_{rg}}{\mu_g B_g}\frac{\partial p_g}{\partial y}\right)+$$
（5.14）

$$R_s q_w+q_{fg}=\frac{\partial}{\partial t}\left[\phi\left(\frac{R_s}{B_w}S_w+\frac{S_g}{B_g}\right)\right]$$

辅助关系式：

$$p_{cwg}\left(S_w\right)=p_g-p_w$$
（5.15）
$$S_g+S_w=1$$

有限差分符号：

$$\Delta T\Delta\Phi=\Delta_x T_x\Delta_x\Phi+\Delta_y T_y\Delta_y\Phi+\Delta_z T_z\Delta_z\Phi$$
（5.16）
$$\Delta_s T_s\Delta_s\Phi=T_{sm+\frac{1}{2}}\left(\Phi_{m+1}-\Phi_m\right)-T_{sm-\frac{1}{2}}\left(\Phi_m-\Phi_{m-1}\right)$$

在二维直角坐标下的离散只需考虑 X、Y 方向：

$$\Delta T\Delta\Phi=\Delta_x T_x\Delta_x\Phi+\Delta_y T_y\Delta_y\Phi$$
（5.17）

令

$$\lambda=\frac{KK_r}{\mu B},\ \beta=\frac{\phi C}{B}$$
（5.18）

水相在二维直角坐标下时间和空间离散差分方程：

$$T_{wxi+\frac{1}{2}}^{n+1}\left(p_{wi+1j}^{n+1}-p_{wij}^{n+1}\right)-T_{wxi-\frac{1}{2}}^{n+1}\left(p_{wij}^{n+1}-p_{wi-1j}^{n+1}\right)+T_{wyj+\frac{1}{2}}^{n+1}\left(p_{wij+1}^{n+1}-p_{wij}^{n+1}\right)-T_{wxj-\frac{1}{2}}^{n+1}\left(p_{wij}^{n+1}-p_{wij-1}^{n+1}\right)+Q_{wij}^{n+1}$$
（5.19）

$$=S_w V_b\beta\frac{p_{wij}^{n+1}-p_{wij}^n}{\Delta t}$$

式中 V_b——网格总体积。

线性化处理：

$$T_{wxj-\frac{1}{2}}^{n+1}p_{wij-1}^{n+1}+T_{wxi-\frac{1}{2}}^{n+1}p_{wi-1j}^{n+1}-\left(T_{wxj-\frac{1}{2}}^{n+1}+T_{wxi+\frac{1}{2}}^{n+1}+T_{wxi-\frac{1}{2}}^{n+1}+T_{wyj+\frac{1}{2}}^{n+1}+\frac{S_w V_b\beta}{\Delta t}\right)p_{wij}^{n+1}+$$
（5.20）

$$T_{wxi+\frac{1}{2}}^{n+1}p_{wi+1j}^{n+1}+T_{wyj+\frac{1}{2}}^{n+1}p_{wij+1}^{n+1}+Q_{wij}^{n+1}=S_w V_b\beta\frac{p_{wij}^n}{\Delta t}$$

其中

$$T_{wyij\pm\frac{1}{2}} = \frac{2\Delta x_i \Delta z_k}{\Delta y_j + \Delta y_{j\pm1}} \lambda_{ij\pm1/2}$$

$$T_{wxi\pm\frac{1}{2}j} = \frac{2\Delta y_j \Delta z_k}{\Delta x_i + \Delta x_{i\pm1}} \lambda_{i\pm1/2\,j}$$

$$Q_{wij} = \Delta x_i \Delta y_j \Delta z_k q_w$$

$$V_b = \Delta x_i \Delta y_i \Delta z_k$$

气相在二维直角坐标下时间和空间离散差分方程：

$$
\begin{aligned}
& T_{wxi+\frac{1}{2}}^{n+1}\left(p_{wi+1j}^{n+1} - p_{wij}^{n+1}\right) - T_{wxi-\frac{1}{2}}^{n+1}\left(p_{wij}^{n+1} - p_{wi-1j}^{n+1}\right) + T_{wyj+\frac{1}{2}}^{n+1}\left(p_{wij+1}^{n+1} - p_{wij}^{n+1}\right) \\
& - T_{wxj-\frac{1}{2}}^{n+1}\left(p_{wij}^{n+1} - p_{wij-1}^{n+1}\right) + T_{gxi+\frac{1}{2}}^{n+1}\left(p_{gi+1j}^{n+1} - p_{gij}^{n+1}\right) - T_{gxi-\frac{1}{2}}^{n+1}\left(p_{gij}^{n+1} - p_{gi-1j}^{n+1}\right) + \\
& T_{gyj+\frac{1}{2}}^{n+1}\left(p_{gij+1}^{n+1} - p_{gij}^{n+1}\right) - T_{gxj-\frac{1}{2}}^{n+1}\left(p_{gij}^{n+1} - p_{gij-1}^{n+1}\right) + R_s Q_{wij}^{n+1} + Q_{gij}^{n+1} \\
& = S_w R_s V_b \beta \frac{p_{wij}^{n+1} - p_{wij}^n}{\Delta t} + S_g V_b \beta \frac{p_{gij}^{n+1} - p_{gij}^n}{\Delta t}
\end{aligned}
\tag{5.21}
$$

由于同一时间上网格压力值相等，因此可线性化处理为：

$$
\begin{aligned}
& \left(T_{wxj-\frac{1}{2}}^{n+1} + T_{gxj-\frac{1}{2}}^{n+1}\right) p_{gij-1}^{n+1} + \left(T_{wxi-\frac{1}{2}}^{n+1} + T_{gxi-\frac{1}{2}}^{n+1}\right) p_{wi-1j}^{n+1} - \\
& \left(T_{wxj-\frac{1}{2}}^{n+1} + T_{wxi+\frac{1}{2}}^{n+1} + T_{wxi-\frac{1}{2}}^{n+1} + T_{wyj+\frac{1}{2}}^{n+1} + T_{gxj-\frac{1}{2}}^{n+1} + T_{gxi+\frac{1}{2}}^{n+1} + T_{gxi-\frac{1}{2}}^{n+1} + T_{gyj+\frac{1}{2}}^{n+1} + \frac{R_s S_w V_b \beta}{\Delta t} + \frac{S_g V_b \beta}{\Delta t}\right) p_{gij}^{n+1} \\
& + \left(T_{wxi+\frac{1}{2}}^{n+1} + T_{gxi+\frac{1}{2}}^{n+1}\right) p_{gi+1j}^{n+1} + \left(T_{wyj+\frac{1}{2}}^{n+1} + T_{gyj+\frac{1}{2}}^{n+1}\right) p_{gij+1}^{n+1} \\
& + R_s Q_{wij}^{n+1} + Q_{gij}^{n+1} = \left(S_w R_s V_b \beta + S_g V_b \beta\right) \frac{p_{gij}^n}{\Delta t}
\end{aligned}
\tag{5.22}
$$

其中

$$T_{wyij\pm\frac{1}{2}} = \frac{2\Delta x_i \Delta z_k}{\Delta y_j + \Delta y_{j\pm1}} R_s \lambda_{ij\pm\frac{1}{2}}$$

$$T_{wxi\pm\frac{1}{2}j} = \frac{2\Delta y_j \Delta z_k}{\Delta x_i + \Delta x_{i\pm1}} R_s \lambda_{i\pm\frac{1}{2}j}$$

$$T_{gyij\pm\frac{1}{2}} = \frac{2\Delta x_i \Delta z_k}{\Delta y_j + \Delta y_{j\pm1}} \lambda_{ij\pm\frac{1}{2}}$$

$$T_{gxi\pm\frac{1}{2}j} = \frac{2\Delta y_j \Delta z_k}{\Delta x_i + \Delta x_{i\pm1}} \lambda_{i\pm\frac{1}{2}j}$$

$$Q_{wij} = \Delta x_i \Delta y_j \Delta z_k q_w$$

$$Q_{gij} = \Delta x_i \Delta y_j \Delta z_k q_g$$

$$V_b = \Delta x_i \Delta y_i \Delta z_k$$

上述数值模型可以用计算机进行求解。将模拟单元划分为块中心矩形网格系统，采用 IMPES 法求解二维五对角差分方程得到压力和饱和度分布。

5.2.2 水溶性气藏数值模拟模型的建立

5.2.2.1 数值模拟模型的选取

高温高压水溶性气藏水体里面含有较多水溶气，且气藏含凝析水，对于气水界面的模拟目前主要采用数值模拟模型的组分模型。组分模型中主要应用两个模块 GASWAT 和 GASSOL。两个模块的理论均采用 Soreide 和 Whitson 在 Peng Robinson 状态方程上进行了改进来获取精确的水相中气相溶解度[86]。

GASWAT 模块只是模拟气水两相，水相中的溶解度主要通过温度变化在状态方程中得到体现，或者水矿化度也可以用于模拟之中改变气的溶解度。对于溶解气的水的密度以及黏度可以通过 Ezrokhi's method 方法计算得到[87]。

GASSOL 模块可以模拟气相在水相中的溶解，数模中的理论提供一个默认的公式计算，也可以定义关于压力与溶解度的关系，初始气体溶解度随深度的变化可以定义。考虑到 GASSOL 模块能更直观地给予水溶解度随压力变化的值和初始溶解度，因此在该模型中采用 GASSOL 模块进行模拟。

5.2.2.2 实验数据在模型中的应用

针对高温高压水溶性气藏特征，含有较高的水溶气，存在应力敏感和测试含有一定的凝析水，数值模拟中应用主要做以下考虑。

（1）水溶性气藏中水溶气含量：以水溶气溶解度实验为基础，水溶性气藏初始溶解度为 $22m^3/m^3$，不同压力下水溶气含量如图 5.8 所示。

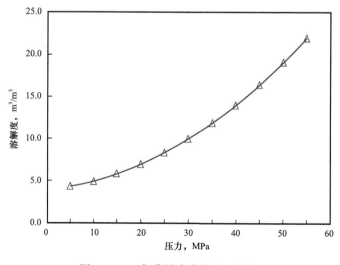

图 5.8　FD 气藏的水溶气含量曲线

（2）应力敏感性在数模中应用：以应力敏感性实验为基础；定义孔隙体积、传导率随压力变化规律。实验归一化整理后所得应力敏感性见表5.1。

表5.1　FD气藏应力敏感归一整理后的参数表

孔隙压力，MPa	孔隙体积倍数	传导率倍数
4.8	0.948	0.590
9.9	0.951	0.652
14.8	0.954	0.680
19.8	0.957	0.754
24.9	0.961	0.785
29.9	0.965	0.797
35.0	0.969	0.843
40.0	0.974	0.866
45.0	0.980	0.950
50.1	0.989	0.951
54.1	1.000	1.000

（3）凝析水含量的应用：在拟合该区流体高压物性实验数据的基础上，在气组分中添加水组分（实验FD气藏测得凝析水含量为$0.197m^3/10^4m^3$），并归一化处理，获得考虑凝析水的PVT参数。FD气藏添加凝析水后组分见表5.2。

表5.2　FD气藏含凝析水的组分表

序号	组分	未添加凝析水组分摩尔分数，%	添加凝析水组分摩尔分数，%
1	H_2O	—	2.30
2	CO_2	22.62	22.10
3	N_2	7.55	7.38
4	C_1	67.86	66.30
5	C_2	0.96	0.94
6	C_3	0.3	0.29
7	iC_4	0.068	0.07
8	nC_4	0.076	0.07
9	iC_5	0.12	0.12
10	nC_5	0.026	0.03
11	C_{6+}	0.42	0.41

5.2.2.3 机理模型建立

为有效研究富含水溶气的高温高压气藏水溶气释放对气水界面的影响，采用数值模拟软件ECLIPSE，选用典型富含水溶气的高温高压水溶性FD气藏的基本物性为基础建立数值模拟模型：网格为40×40×100，X、Y步长为50m，Z步长为0.5m。基本物性参数见表5.3，气水界面离井底的位置17m。模型储量：自由气$19.1×10^8m^3$+水溶气$6.2×10^8m^3$。测试的相渗曲线如图5.9所示，建立的高温高压水溶性气藏含溶解气的三维模型如图5.10所示。模型储量：考虑水溶气模型：自由气$19.1×10^8m^3$+水溶气$6.2×10^8m^3$；不考虑水溶气模型：自由气$19.1×10^8m^3$。利用机理模型将从不同的溶解度大小、有无应力敏感性、不同产气量和水体大小进行数值模拟研究，弄清高温高压水溶性气藏水溶气释放对气井见水的影响规律。

表5.3　模型基本物性参数表

属性	值	属性	值
原始地层压力，MPa	55	孔隙度，%	17.0
气藏中部深度，m	300	含气饱和度，%	45.3
气藏温度，℃	145	初始水溶气含量，m^3/m^3	22
气藏厚度，m	20	渗透率，mD	10
水层厚度，m	30	水体倍数	5

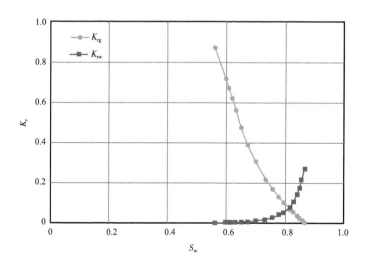

图5.9　模型相渗曲线图

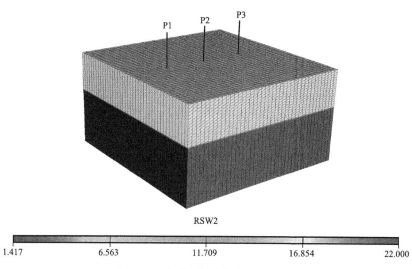

图 5.10　气藏原始溶解气三维模型

5.2.3　水溶气释放对气水界面变化影响因素研究

水溶气释放对气水界面的影响主要从不同溶解度、有无应力敏感性、气井产量大小和水体大小进行分析评价。

5.2.3.1　不同溶解度对气水界面的影响

溶解度是水溶气最为关键的参数，溶解度的大小决定水体中含气量的多少，从而决定衰竭开发过程中，由于压力下降，水溶气释放，引起气藏气水界面的变化。研究将从不同溶解度大小（0、22m³/m³、44m³/m³）进行模拟论证，分析溶解气对气水界面变化的影响规律。采用数模模型拟定单井产量 30×10^4m³/d，模拟开发至气藏压力下降到 15MPa 结束。通过模拟对比不同溶解度的气水界面变化，模拟结果表明气井见水规律分两个区域，井底锥进区域和远离井的非锥进区域。

第一区域：井底锥进区域，天然气溶解度越大，底水锥进越快，气井见水时间越早（图 5.11、表 5.4），溶解度为 0、22m³/m³、44m³/m³ 时见水时间分别为 206d、171d、93d，主要原因在于第一区域由于压力下降较快，溶解气快速从气核变成气泡，在未形成连续相时，气带水生产，溶解度越大形成气泡的时间越快，因此溶解系数越大，底水锥进速度越快。

第二区域：远离井的非锥进区域，天然气溶解度越大，气水界面上升越慢（图 5.12、表 5.4），生产 10 年溶解度为 0、22m³/m³、44m³/m³ 时气水界面上升高度别为 6m、4m、3m，地层压力下降到 15MPa 时溶解度为 0、22m³/m³、44m³/m³ 时气水界面上升高度别为 15m、13m、11m，主要原因在于远离井的非锥进区域，由于压力下降速度相对比较小，溶解气从气核变成气泡的过程时间相对比较充足，有利于气泡形成连续相，从地层水中脱出，气体脱出后气相上升到气藏当中，溶解度越大脱出的气越多，水由于重力作用往下掉，因此非锥进区域溶解度越大气水界面上升越慢。

表 5.4　不同溶解度气水关系变化情况表

水体中溶解度，m^3/m^3	气井见水时间，d	累计产气量 10^8m^3（93d）	井底锥进高度，m（93d）	累计产气量 10^8m^3（10a）	非锥进区域气水界面上升高度，m（10a）	累计产气量，10^8m^3（p=15MPa）	非锥进区域气水面上升高度，m（p=15MPa）
0	206	0.85	6	5.82	6	11.75	15
22	171	0.85	10	7.45	4	15.1	13
44	93	0.85	17	7.89	3	17.49	11

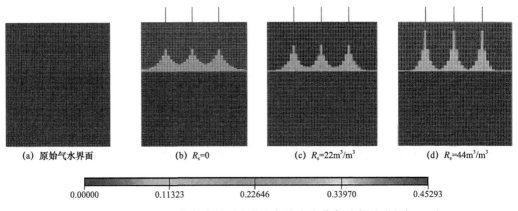

(a) 原始气水界面　(b) R_s=0　(c) R_s=22m^3/m^3　(d) R_s=44m^3/m^3

0.00000　0.11323　0.22646　0.33970　0.45293

图 5.11　不同溶解度气井水锥进变化含气饱和度分布示意图（生产 93d）

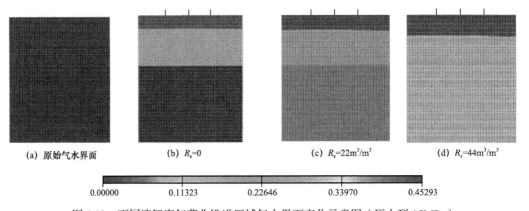

(a) 原始气水界面　(b) R_s=0　(c) R_s=22m^3/m^3　(d) R_s=44m^3/m^3

0.00000　0.11323　0.22646　0.33970　0.45293

图 5.12　不同溶解度气藏非锥进区域气水界面变化示意图（压力到 15MPa）

5.2.3.2　应力敏感性对气水界面的影响

水溶气一般存在于高温高压气藏当中，此类气藏一般存在较强的应力敏感性。考虑高温高压水溶性气藏有无应力敏感情况下，模拟气井见水规律，采用该模型单井产量 $30×10^4m^3/d$ 进行模拟开发 10 年，模拟结果表明应力敏感性对气井的见水规律和生产都存在影响。

有应力敏感时，气井见水时间相对较早，有应力敏感时见水时间为171d，无应力敏感时见水时间为183d（图5.13、表5.5）。原因在于：应力敏感存在，在生产过程中由于压力降低，孔隙压缩，渗透率减小，导致在相同的产量情况下生产压差增大，溶解气快速从气核变成气泡，在未形成连续相时，气带水生产，有应力敏感时形成气泡的时间越快，因此存在应力敏感，底水锥进速度越快，导致先见水。

模拟开发10年，非锥进区域有应力敏感时气水界面上升高度越高，累计产气量越小（图5.14、表5.5）。有应力敏感气水界面升高4m，无应力敏感气水界面升高2m；有应力敏感累计产气 $7.45 \times 10^8 m^3$；无应力敏感时，累计产气 $9.0 \times 10^8 m^3$。主要原因在于应力敏感存在，在生产过程中由于压力降低孔渗变小，孔隙压缩使气藏空间变小，气水界面上升，渗透率减小导致气井产量降低开发效果变差。

表 5.5　应力敏感性对气井见水规律影响统计表

应力敏感性	见水时间，d	累计产气量，$10^8 m^3$	气水界面上升高度，m
有	171	7.45	4
无	183	9	2

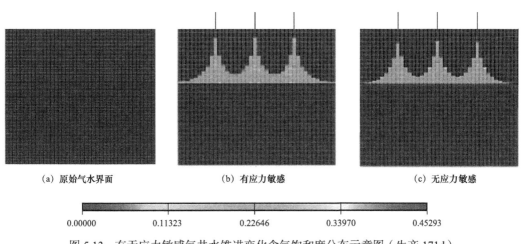

（a）原始气水界面　　　（b）有应力敏感　　　（c）无应力敏感

0.00000　　0.11323　　0.22646　　0.33970　　0.45293

图 5.13　有无应力敏感气井水锥进变化含气饱和度分布示意图（生产171d）

5.2.3.3　初期产量对气水界面的影响

采气速度是影响水体锥进的重要因素，采气速度越大，压差越大，溶解气释放也越多。为研究采气速度对气水界面的影响程度，设置单井初期日产气量 $30 \times 10^4 m^3$、$40 \times 10^4 m^3$、$50 \times 10^4 m^3$ 模拟开发10年，模拟结果表明初期产量大小对气井的见水规律存在影响。

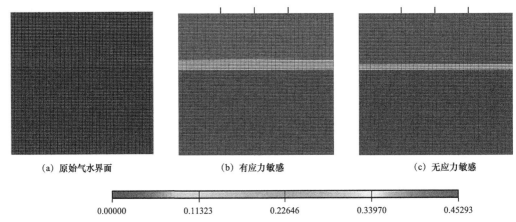

(a) 原始气水界面　　　　　(b) 有应力敏感　　　　　(c) 无应力敏感

0.00000　　0.11323　　0.22646　　0.33970　　0.45293

图 5.14　有无应力敏感气藏非锥进区域气水界面变化含气饱和度分布示意图（生产 10a）

产气量越高，气井见水时间越早。单井日产气量 $30 \times 10^4 m^3$、$40 \times 10^4 m^3$、$50 \times 10^4 m^3$ 见水时间分别为 171d、130d 和 83d（图 5.15、表 5.6）。主要原因在于采气速度越大，气井生产压差越大，形成低压区越快，地层水从高压区快速向低压区推进，导致见水最早。

模拟开发 10 年，初期产量对非锥进区域的气水界面和气井累计产气量影响不大。非锥进区域气水界面均上升 4m，累计产气量均为 $7.45 \times 10^8 m^3$（图 5.16、表 5.6）。主要原因在于初期产量虽然设置有所差别，但随着生产的进行，产量越大产量自然递减越快，到预测期末累计产气量、地层的压力下降也基本一致，因此气水界面上升的高度也一致。

表 5.6　初期产量对气井见水规律影响统计表

初期产量，$10^4 m^3/d$	见水时间，d	累计产气量，$10^8 m^3$	气水界面上升高度，m
30	171	7.45	4
40	130	7.45	4
50	83	7.45	4

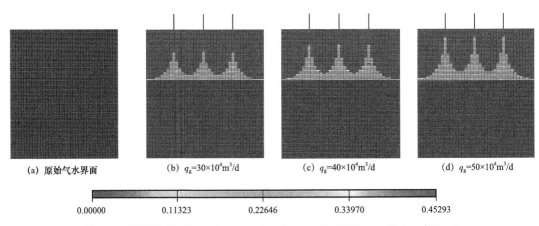

(a) 原始气水界面　(b) $q_g=30\times10^4 m^3/d$　(c) $q_g=40\times10^4 m^3/d$　(d) $q_g=50\times10^4 m^3/d$

0.00000　　0.11323　　0.22646　　0.33970　　0.45293

图 5.15　不同单井产量气井水锥进变化含气饱和度分布示意图（生产 83d）

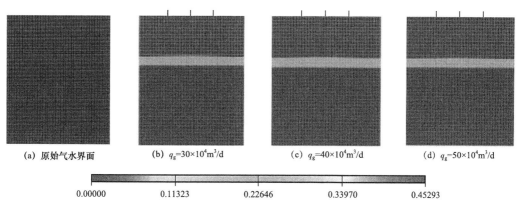

(a) 原始气水界面   (b) $q_g=30\times10^4m^3/d$ (c) $q_g=40\times10^4m^3/d$ (d) $q_g=50\times10^4m^3/d$

0.00000   0.11323   0.22646   0.33970   0.45293

图 5.16　不同单井产量气藏非锥进区域气水界面变化含气饱和度分布示意图（生产 10a）

5.2.3.4　水体大小对气水界面的影响

水体的大小将影响天然气的溶解量，水体越大溶解气量越大，分别考虑不同水体大小 1 倍、5 倍、10 倍进行模拟研究水体大小对气井见水规律的影响，水体大小调节采用改变地质模拟中的 Z 的值来调节水体大小。模拟开发 10 年，模拟结果表明水体大小对气井的见水规律和生产都存在影响。

气藏水体倍数越大气井见水时间越早，水体为 1 倍、5 倍、10 倍时见水时间分别为 190d、171d、83d（图 5.17、表 5.7）。主要原因在于水体倍数越大，相同压降水中的溶解气释放越多，溶解气快速从气核变成气泡，在未形成连续相时，气带水生产快速达到气井。

模拟开发 10 年，非锥进区域水体越大气水界面上升幅度越大，气井累计产气量越小，气藏压力下降也越小。水体为 1 倍、5 倍、10 倍时气水界面上升高度分别为 3m、4m、7m，累计产气量分别为 $10.22\times10^8m^3$、$7.45\times10^8m^3$、$7.2\times10^8m^3$，压降值分别为 24.8MPa、11.8MPa、8.5MPa（图 5.18、表 5.7）。主要原因在于水体倍数越大，气井见水时间越早，气井一旦见水后气井产量会快速降低，严重者会造成水淹，甚至死井，从而非锥进区域气水界面上升较大，压降较小。因此，对于本身有水体的气藏，防止水体过早入侵和利用好水体能量保压，及水体的利用与防治将是有水气藏研究的重点。

表 5.7　水体大小对气井见水规律影响统计表

水体倍数	见水时间，d	累计产气量，10^8m^3	气水界面上升高度，m	压降，MPa
1	190	10.22	3	24.8
5	171	7.45	4	11.8
10	83	7.2	7	8.5

总体看来，高温高压水溶性气藏衰竭在开采过程中，水溶气释放将使气水界面不断

上升，当水溶气停止释放或者储层能量完全衰竭时，气水界面将会有一定程度的回落，但总体比初始界面要高。通过气水界面变化分析表明高温高压水溶性气藏中，溶解度、应力敏感、气井产量和水体大小都将影响气井见水时间，溶解度越大、应力敏感性越强、气井产量越大和水体越大，气井见水时间越早。由于目前还没有专门研究高温高压情况下水溶气释放在多孔介质中的气水变化关系的物理模型，建议在以后的研究过程中，建立可模拟高温高压情况下水体中溶解气释放的物理模型，以助于更深入对此类气藏气井见水规律进行系统理论研究，为水溶性气藏的有效开发提供技术支持。

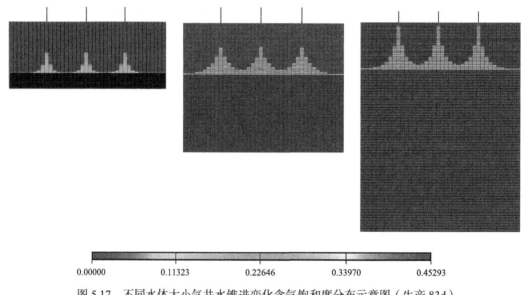

图 5.17 不同水体大小气井水锥进变化含气饱和度分布示意图（生产 83d）

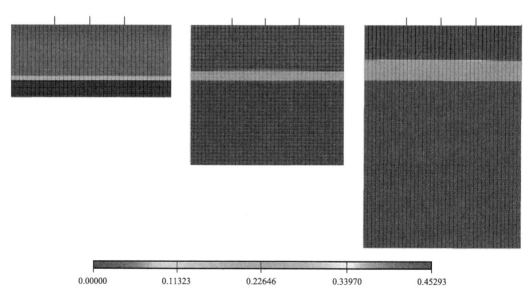

图 5.18 不同水体大小气藏非锥进区域气水界面变化含气饱和度分布示意图（生产 10a）

5.3 典型水溶性气藏气水界面推进变化研究

5.3.1 典型气藏模型的建立

数值模拟所需的三维构造及属性模型是在三维随机建模成果的基础上，对地质建模数据体进行粗化得到。本次数值模拟研究在网格划分上采用角点网格，X 方向共划分 128 个网格，平均网格步长 100m，Y 方向共划分为 99 个网格，平均网格步长为 100m。Z 方向即纵向上，根据砂体和隔夹层分布情况共划分为 41 个模拟层。数值模拟模型的总网格数为 519552（$128 \times 99 \times 41$），其中 1～26 为 Hb 气藏，27～41 为 Ha 气藏。气藏目的层的构造、渗透率和孔隙度等三维模型如图 5.19 至图 5.22 所示，FD–1 气藏的基本参数数据见表 5.8。

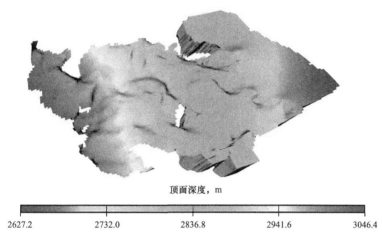

顶面深度，m

| 2627.2 | 2732.0 | 2836.8 | 2941.6 | 3046.4 |

图 5.19　气藏构造三维模型图

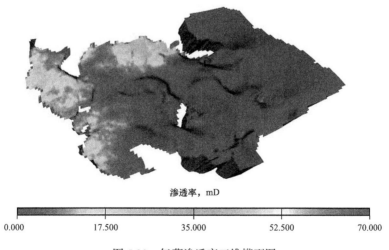

渗透率，mD

| 0.000 | 17.500 | 35.000 | 52.500 | 70.000 |

图 5.20　气藏渗透率三维模型图

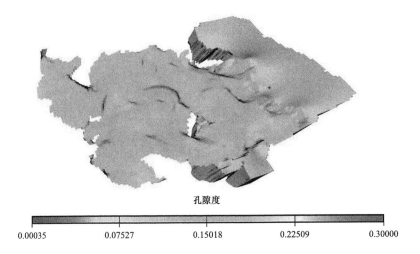

孔隙度

| 0.00035 | 0.07527 | 0.15018 | 0.22509 | 0.30000 |

图 5.21 气藏孔隙度三维模型

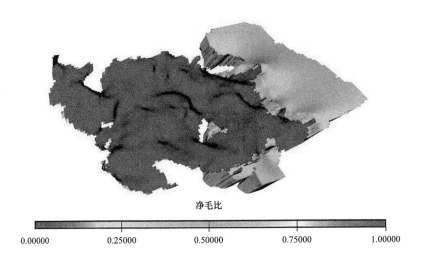

净毛比

| 0.00000 | 0.25000 | 0.50000 | 0.75000 | 1.00000 |

图 5.22 气藏净毛比三维模型

表 5.8 气藏基础数据表

原始地层压力，MPa	52.64	标准温度，℃	15
气藏中部深度，m	2837	标准压力，MPa	0.1
岩石压缩系数，$10^{-4}MPa^{-1}$	5	Hb/Ha 气水界面，m	−2896.5，−2882
气藏温度，℃	142	原始地质储量，10^8m^3	133.23
气体相对密度	0.75	初始水溶气含量，m^3/m^3	22

5.3.2 典型气藏历史拟合

为了取得与气藏实际生产动态一致的气藏参数，提高模型预测结果可信程度，在数值模拟前期要把模拟计算的动态跟实际动态进行比较、吻合，称之为动态历史拟合。

（1）模型参数的可调范围。

历史拟合过程中，由于模型参数数量多，可调的自由度很大，为了避免或减少修改参数的随意性，在历史拟合开始时，必须确定模型参数的可调范围。

孔隙度：孔隙度一般来源于储层参数的精细解释，具有较高的准确度，加之储量对孔隙度参数较敏感，一般情况下把孔隙度视为确定参数，即使修改，范围也不宜过大。

渗透率：渗透率在任何气藏都是不确定参数，这不仅是由于测井解释的渗透率值与岩心分析值误差较大，而且根据渗透率的特点，井间的渗透率分布也是不确定的，因此对渗透率可允许在 $1/3\sim3$ 倍甚至更大范围内修改。

岩石与流体压缩系数：通常情况下流体的压缩系数是由实验室测定的，变化范围很小，认为是确定的参数，岩石的压缩系数虽然也是由实验室测定的，但受岩石内饱和流体和应力状态的影响，有一定变化范围，考虑这部分影响，允许岩石压缩系数在 $0\sim100\%$ 的范围内进行调整。

初始流体饱和度和初始压力场：通常认为是确定参数，必要时允许在局部范围做小范围的调整。

（2）动态生产指数的拟合。

为了使建立的地质模型能反映地下实际情况，需进行必要的历史拟合，历史拟合的参数调整过程是使开发模型与气田实际生产及地下状况逐步符合的过程。历史拟合是气藏数值模拟的关键，它拟合的精度越高，则所模拟的剩余储量分布及地层压力分布就越符合地下实际情况，所得到的压力分布和剩余储量分布就越准确，在其基础上进行的各种方案预测就越可靠。

历史拟合采取的是气井定产气量生产，将实际产气量带入模型中来拟合井口压力、关井静压及产水量。地层压力大小和变化趋势主要反映地层能量大小和气藏开采变化过程，因此，井口压力、地层静压和产水量的拟合主要调整气藏渗透率、传导率的大小。本研究主要进行了以下几个方面的拟合工作：调整局部方向渗透率或局部方向传导率拟合压力及产量；调整单井控制半径拟合井口压力；调整井指数拟合生产压差。从全区及单井的日产气量、累计产气量、日产水量、累计产水量和井口压力拟合情况（图 5.23 至图 5.34）。全区总共有 5 口井，拟合精度达 90% 以上，全区指标拟合精度 95% 以上，气藏全区计算日产气与实际日产气基本一致。总体来看，历史拟合的精度较高，将为气藏的模型真实可靠。

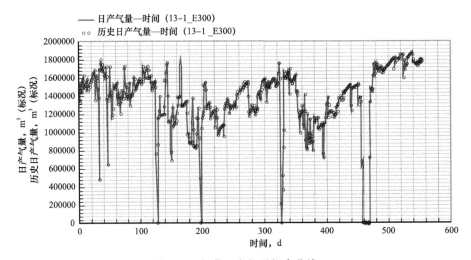

图 5.23 气藏日产气量拟合曲线

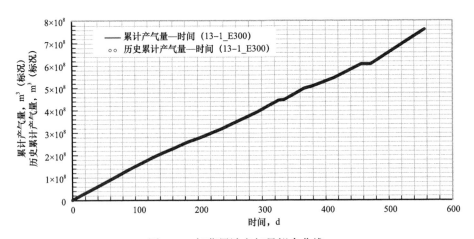

图 5.24 气藏累计产气量拟合曲线

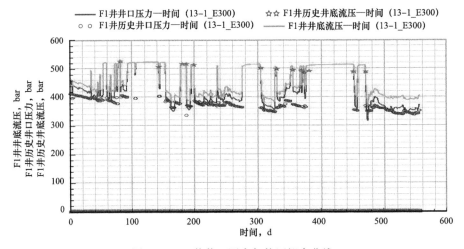

图 5.25 F1 井井口压力与静压拟合曲线

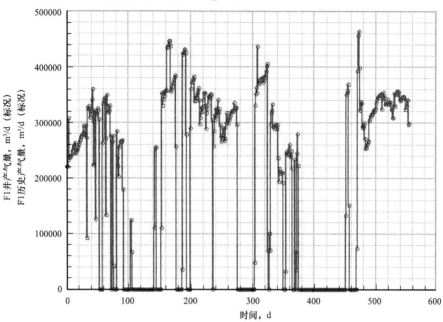

图 5.26 F1 井产气量拟合曲线

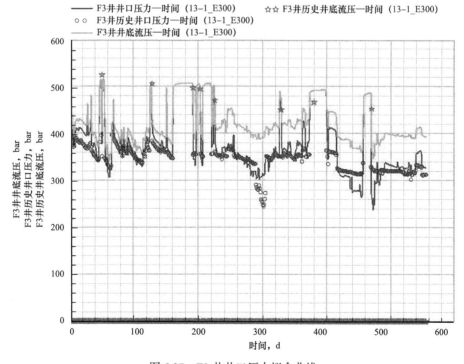

图 5.27 F3 井井口压力拟合曲线

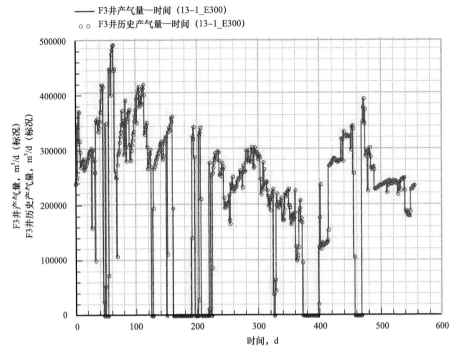

图 5.28　F3 井产气量拟合曲线

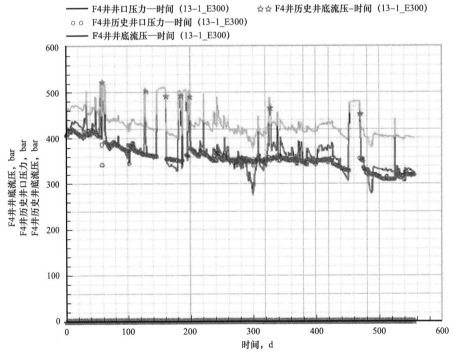

图 5.29　F4 井井口压力拟合曲线

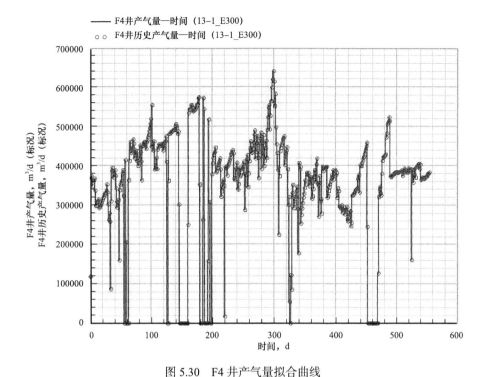

图 5.30　F4 井产气量拟合曲线

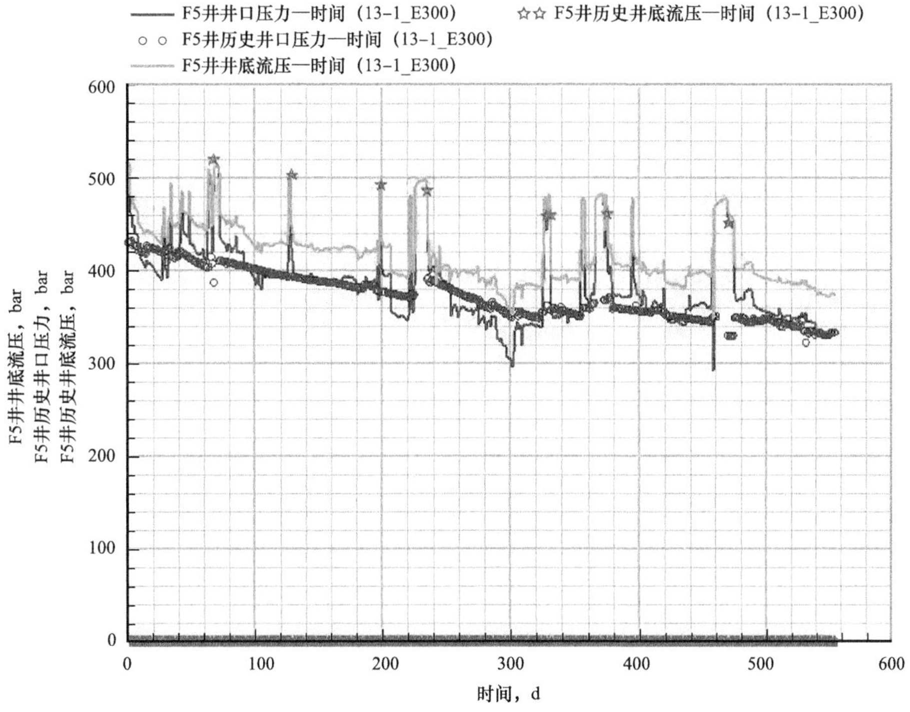

图 5.31　F5 井井口压力拟合曲线

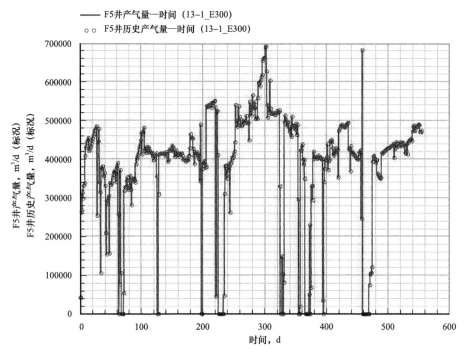

图 5.32　F5 井产气量拟合曲线

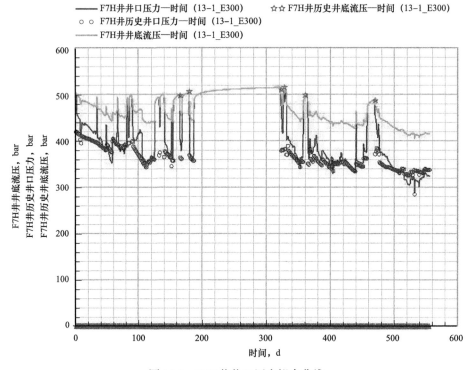

图 5.33　F7H 井井口压力拟合曲线

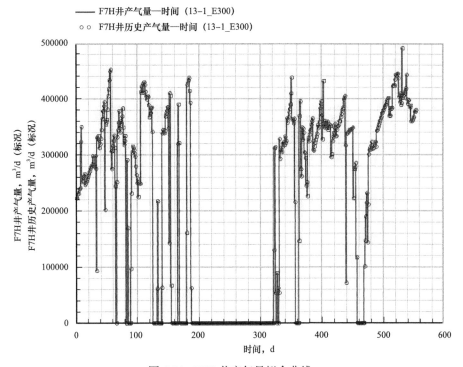

图 5.34　F7H 井产气量拟合曲线

5.3.3　水溶气释放对气藏的气水界面的影响

根据 FD-1 气藏目前的开发状况，选取目前平均产量，对气藏实际实验溶解度和无溶解度（22m³/m³、0）进行见水时间分析，模拟开发 20a，见水时间见表 5.9，单井生产水气比变化和气水变化关系如图 5.35 至图 5.48 所示。

（1）模拟开发 20 年，有水溶气的气藏气井见水时间越早；预测两种情况下均见水井见水时间相差最小 90d，最大 1710d。

（2）气藏平面上，考虑水溶气时，边水推进相对较快。模拟开发至 F1 井的见水时间，F1 井平面上 Hb 层位相差 100m；模拟开发至 F3 井的见水时间，F3 井 Hb 层位相差 300m。

（3）气藏纵向剖面上，考虑水溶气时，气水界面上升相对较快。模拟开发至 F3 井的见水时间，以气藏 Hb 层位气水界面 2896.5m 为准，有水溶气时气水界面上升 64.1m，无水溶气时气水界面上升 62.6m，垂直高差 1.5m。

（4）总体来看有溶解气累计产气相对较大，累计产水也相对较大。

表 5.9　气藏有无水溶气见水时间表

层位	井号	日产量	见水时间，d	
		$10^4 m^3$	$R_s=22$	$R_s=0$
Hb	F1	33.23	930	1020
	F3	21.56	2920	3340
	F4	38.11	未见水	未见水
	F5	47.98	7300	未见水
Ha	F7H	38.97	5110	6820
合计		179.85		

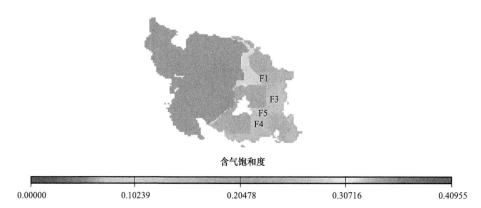

图 5.35　Hb 层 4 模拟层的气水分布图（生产 930d，$R_s=0$）

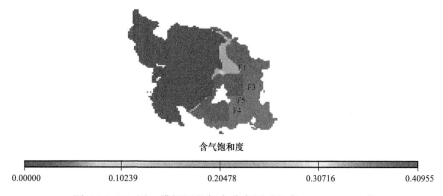

图 5.36　Hb 层 4 模拟层的气水分布图（生产 930d，$R_s=22$）

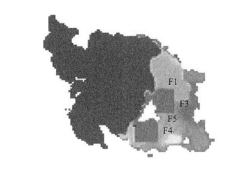

含气饱和度

0.00000　　　　　0.10239　　　　　0.20478　　　　　0.30716　　　　　0.40955

图 5.37　Hb 层 10 模拟层的气水分布图（生产 2920d，R_s=0）

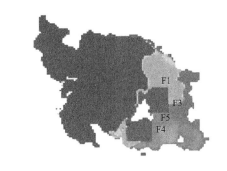

含气饱和度

0.00000　　　　　0.10239　　　　　0.20478　　　　　0.30716　　　　　0.40955

图 5.38　Hb 层 10 模拟层的气水分布图（生产 2920d，R_s=22）

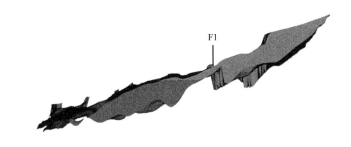

含气饱和度

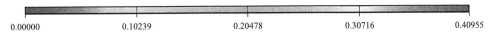

0.00000　　　　　0.10239　　　　　0.20478　　　　　0.30716　　　　　0.40955

图 5.39　气藏气水分布纵向分布剖面图（初始状态）

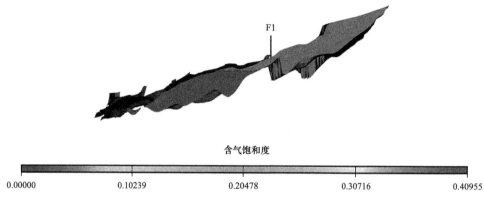

含气饱和度

| 0.00000 | 0.10239 | 0.20478 | 0.30716 | 0.40955 |

图 5.40 气藏气水分布纵向分布剖面图（生产 2920d，R=0）

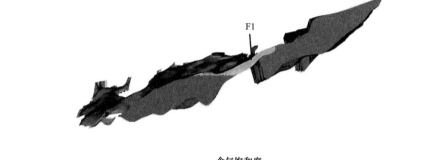

含气饱和度

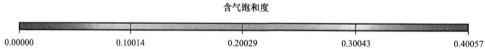

| 0.00000 | 0.10014 | 0.20029 | 0.30043 | 0.40057 |

图 5.41 气藏气水分布纵向分布剖面图（生产 2920d，R=22）

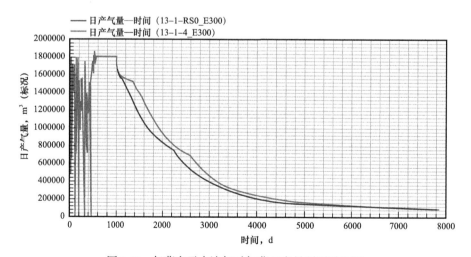

图 5.42 气藏有无水溶气时气藏日产量预测对比图

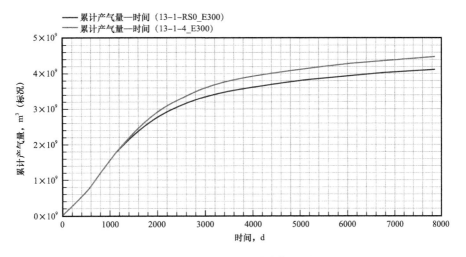

图 5.43 气藏有无水溶气时累计产气量预测对比图

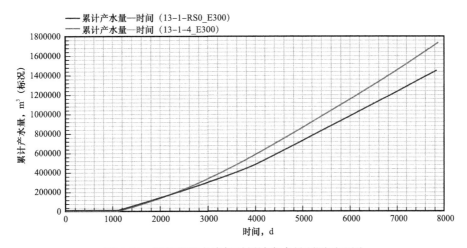

图 5.44 气藏有无水溶气时累计产水量预测对比图

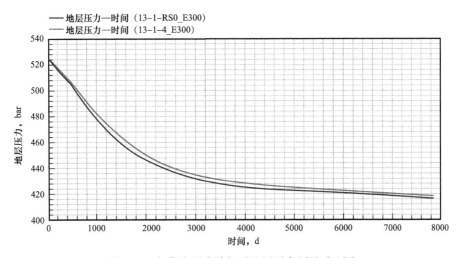

图 5.45 气藏有无水溶气时地层压力预测对比图

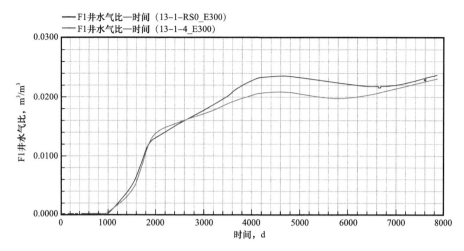

图 5.46 F1 井有无水溶气时水气比预测对比图

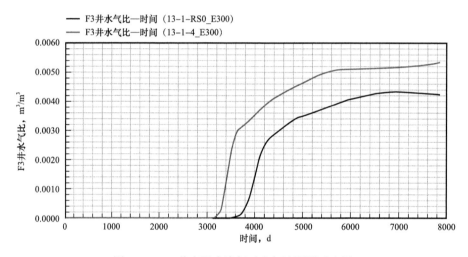

图 5.47 F3 井有无水溶气时水气比预测对比图

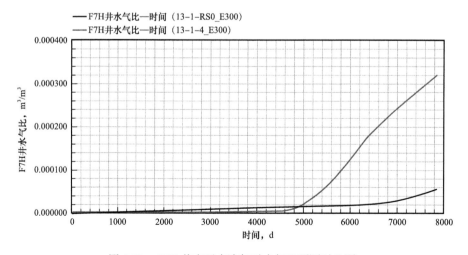

图 5.48 F7H 井有无水溶气时水气比预测对比图

6 水溶性气藏水体能量评价研究

6.1 水体能量评价思路

对于水溶性气藏，正确认识和评价气藏水体能量是开发好水溶性气藏的必要条件，而水体能量评价涉及气藏水侵识别、水体大小的计算、水侵量的计算、水体活跃程度评价等多个方面的内容。

由于很多气藏没有全气藏关井测压资料，这为水侵识别和水体能量大小研究带来了极大的困难。气藏开发生产中取得了大量的井口压力和产量数据，如何根据生产资料明确气藏水体的大小、评价气藏水体能量是问题的关键。针对气田的资料状况，结合气藏工程原理，建立相应的研究思路（图 6.1）。

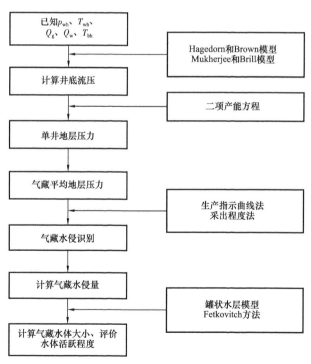

图 6.1　水体能量大小研究技术路线图

第一步：根据井口压力、产量等数据采用垂直管流计算模型计算井底流压。

第二步：基于二项式产能方程，反推单井地层压力，之后求得全气藏平均地层压力；如果有测试压力，可以直接采用气井的测试压力。

第三步：进行气藏水侵识别。

第四步：计算气藏水侵量。

第五步：计算气藏水体大小、评价水体活跃程度。

6.2 水体能量评价方法

水溶性气藏也是水驱气藏的一种特殊气藏，水体能量的评价与常规水驱气藏基本一致，因此评价方法也采用水驱气藏评价方法。

6.2.1 气藏水侵的识别

在水驱气藏的开发中，由于边底水的侵入而造成的气井出水，不仅会增加气藏的开发开采难度，而且会造成气井产能的损失，降低气藏采收率，影响气藏开发效益。水侵动态的准确判断，特别是早期水侵识别，是主动有效地开发气藏的基础。

（1）生产指示曲线法。

用压力表示的封闭气藏物质平衡方程为：

$$\frac{p}{Z}\left[1-\left(\frac{C_p+S_{wc}C_w}{1-S_{wc}}\right)\Delta p\right]=\frac{p_i}{Z_i}\left(1-\frac{G_p}{G}\right) \tag{6.1}$$

式中　p——气藏压力，MPa；

　　　Z——气体偏差系数；

　　　p_i——原始条件下的气藏压力，MPa；

　　　Z_i——原始条件下的气体偏差系数；

　　　G——气藏原始气量，m^3；

　　　G_p——气藏累计采出气量，m^3；

　　　Δp——气藏压降，MPa；

　　　C_p——岩石（孔隙体积）的压缩系数，MPa^{-1}；

　　　C_w——地层水的压缩系数，MPa^{-1}；

　　　S_{wc}——束缚水饱和度。

定义封闭气藏压力为：

$$PF=\frac{p}{Z}\left[1-\left(\frac{C_p+S_{wc}C_w}{1-S_{wc}}\right)\Delta p\right] \tag{6.2}$$

则封闭气藏生产指示曲线（PF 与 G_p 关系曲线，后面简称 PF 线）呈线性关系。如果气藏存在水侵，则生产指示曲线就不是一条直线，而是一条上翘的曲线，由此可以判断气藏是否存在水侵。

（2）采出程度法。

用压力表示的水驱气藏物质平衡方程为：

$$\frac{p}{Z}\left[1-\left(\frac{C_p+S_{wc}C_w}{1-S_{wc}}\right)\Delta p-\frac{W_e-W_pB_w}{GB_{gi}}\right]=\frac{p_i}{Z_i}\left(1-\frac{G_p}{G}\right)$$ （6.3）

式中　p——气藏压力，MPa；

Z——气体偏差系数；

p_i——原始条件下的气藏压力，MPa；

Z_i——原始条件下的气体偏差系数；

G——气藏原始气量，m³；

G_p——气藏累计采出气量，m³；

Δp——气藏压降，MPa；

C_p——岩石（孔隙体积）的压缩系数，MPa⁻¹；

C_w——地层水的压缩系数，MPa⁻¹；

S_{wc}——束缚水饱和度；

W_e——水侵量，m³；

W_p——产水量，m³；

B_w——水体积系数；

B_{gi}——原始条件下的气体体积系数。

定义存水体积系数 ω 为：

$$\omega=\frac{W_e-W_pB_w}{GB_{gi}}$$ （6.4）

则水驱气藏物质平衡方程为：

$$\frac{p}{Z}\left[1-\left(\frac{C_p+S_{wc}C_w}{1-S_{wc}}\right)\Delta p-\omega\right]=\frac{p_i}{Z_i}\left(1-\frac{G_p}{G}\right)$$ （6.5）

定义无量纲压力 PFD 为：

$$PFD=\frac{\frac{p}{Z}}{\frac{p_i}{Z_i}}$$ （6.6）

岩石及束缚水膨胀能一般较小，通常可以忽略。则水驱气藏物质平衡方程为：

$$PFD=\frac{1-R_g}{1-\omega}$$ （6.7）

如果气藏为封闭气藏，则无水侵，也不会产出地层水，则存水体积系数 ω=0。此时，

无量纲压力 *PFD* 与天然气采出程度 R_g 关系曲线将沿对角线呈直线。如果 *PFD* 与 R_g 关系曲线在对角线上方，则气藏存在水侵，关系曲线越偏离对角线，水侵强度越大。

6.2.2 气藏水侵量计算

几乎每一个油气藏都存在一定的相连水体，只不过水体的大小和活跃程度不同。一些油气藏的水体较小，在开采过程中也不太活跃，水侵作用十分微弱，水侵对油气藏的开采动态所产生的影响可以忽略不计；而有些油气藏的水体则相对较大，开采过程中也十分活跃，水侵对油气藏的开采动态产生重要影响，在这种情况下，计算油气藏的水侵量就显得十分必要。

从气藏水侵的识别部分的研究结果来看，气藏在近期的开发过程中发生了一定的水侵现象。因此，计算气藏的水侵量，确定气藏的水体参数对于气藏的未来开发动态的准确预测和气藏合理高效开发调整至关重要。

（1）差值法。

用压力表示的水驱气藏物质平衡方程为：

$$\frac{p}{Z}\left[1-\left(\frac{C_p+S_{wc}C_w}{1-S_{wc}}\right)\Delta p-\frac{W_e-W_pB_w}{GB_{gi}}\right]=\frac{p_i}{Z_i}\left(1-\frac{G_p}{G}\right) \tag{6.8}$$

定义水驱气藏 *PH* 压力为：

$$PH=\frac{p}{Z}\left[1-\left(\frac{C_p+S_{wc}C_w}{1-S_{wc}}\right)\Delta p-\frac{W_e-W_pB_w}{GB_{gi}}\right] \tag{6.9}$$

则水驱气藏的生产指示曲线（*PH* 与 G_p 关系曲线，后面简称 *PH* 线）呈直线关系。由于无法直接测量气藏的水侵量，水驱气藏的生产指示曲线（*PH* 线）是无法直接绘制的。

由于气藏的边底水通常离气藏有一定距离，加之水的黏度比气体的黏度高，边底水侵入气藏需要一定的时间和压差条件。

在气藏开发初期，气藏的水侵量很小，通常可以忽略不计，则水驱气藏的物质平衡方程就变为封闭气藏物质平衡方程。因此，水驱气藏开发初期 *PH* 线近似为一条直线，且该直线段的延长线与 *PH* 线重合，即通过延长 *PH* 线的初始直线段，就得到了 *PH* 线，由该直线可以进行气藏的动态分析和动态储量的计算。

动态地质储量的计算方程为：

$$G=\frac{a}{b} \tag{6.10}$$

式中　　a——*PH* 压力与 G_p 关系曲线的截距，MPa；

b——*PH* 压力与 G_p 关系曲线的斜率，MPa/m³。

随着开采时间的延长和气藏压降的增大，水侵量增大且不可忽略，*PF* 线将发生弯曲且偏离 *PH* 线，则两条线之间的差值为：

$$\Delta PH = PF - PH = \frac{p}{Z}\left(\frac{W_e - W_p B_w}{GB_{gi}}\right) \tag{6.11}$$

ΔPH 的数值可以通过 PF 线和 PH 线直接确定，则水侵量为：

$$W_e = \frac{\Delta PH}{\dfrac{p}{Z}} GB_{gi} + W_p B_w \tag{6.12}$$

（2）图版法。

水驱气藏的物质平衡方程为：

$$\frac{p}{Z}\left[1 - \left(\frac{C_p + S_{wc} C_w}{1 - S_{wc}}\right)\Delta p - \frac{W_e - W_p B_w}{GB_{gi}}\right] = \frac{p_i}{Z_i}\left(1 - \frac{G_p}{G}\right) \tag{6.13}$$

定义气藏的存水体积系数 ω 为：

$$\omega = \frac{W_e - W_p B_w}{GB_{gi}} \tag{6.14}$$

定义无量纲压力 PFD 为：

$$PFD = \frac{\dfrac{p}{Z}}{\dfrac{p_i}{Z_i}} \tag{6.15}$$

岩石及束缚水膨胀能一般较小，通常可以忽略。则水驱气藏物质平衡方程为：

$$PFD = \frac{1 - R_g}{1 - \left(\dfrac{C_p + S_{wc} C_w}{1 - S_{wc}}\right)\Delta p - \omega} \tag{6.16}$$

将式（6.16）绘制成图版，当把气藏的实际生产数据绘制到图版上，通过与图版曲线的对比，可以确定出气藏的存水体积系数，然后通过式（6.17）即可计算出气藏的水侵量。

$$W_e = W_p B_w + GB_{gi}\omega \tag{6.17}$$

6.2.3　水体大小计算

气藏的参数通过气井资料基本上可以直接确定。水体因缺少直接资料，其参数往往难以直接确定，但可以通过气藏的生产动态资料间接地加以确定。水体的孔渗参数与气藏应比较接近，水体的形状和大小是最难以确定的水体参数。

（1）罐状水层模型。

罐状水层模型是基于压缩系数的定义的水体模型。随着油气开采过程中油（气）藏压力下降，水层不断向油气层膨胀。将压缩系数定义用于水层可得：

$$W_e = (C_w + C_p) W_i (p_i - p) \tag{6.18}$$

式中　W_e——累计水侵量，m^3；

　　　C_w——水的压缩系数，MPa^{-1}；

　　　C_p——岩石（孔隙）的压缩系数，MPa^{-1}；

　　　W_i——水体中水的原始体积，m^3；

　　　p_i——原始油（气）藏压力，MPa；

　　　p——目前油（气）藏压力，也是水体内边界压力，MPa。

该方程假定水侵从各个方向径向推进。但大多数情况下，水并不会从油（气）藏各个方向侵入，即实际油（气）藏并不是圆柱形的。因此，必须对方程进行校正以使其能正确地描述流动机理。最简单的校正方法是加入水侵角分数，则方程变为：

$$W_e=(C_w+C_p)\,W_i f\,(p_i-p) \tag{6.19}$$

式中　f——水侵角分数，$f=\theta/360°$；

　　　θ——水侵角，（°）。

$$W_i=\pi\,(r_a^2-r_e^2)\,h\phi \tag{6.20}$$

式中　r_a——水层半径，m；

　　　r_e——油（气）藏半径，m；

　　　h——水层厚度，m；

　　　ϕ——水层孔隙度。

用压力表示的水驱气藏物质平衡方程为：

$$\frac{p}{Z}\left[1-\left(\frac{C_p+S_{wc}C_w}{1-S_{wc}}\right)\Delta p-\frac{W_e-W_pB_w}{GB_{gi}}\right]=\frac{p_i}{Z_i}\left(1-\frac{G_p}{G}\right) \tag{6.21}$$

采用罐状水层模型，假定不同的水体大小，计算该水体大小情况下气藏的水侵量。然后，根据气藏生产数据、流体性质、岩石性质和计算的水侵量计算 PH 压力，并做 PH 压力与累计产气量 G_p 关系曲线。如果选定的水体大小与实际的水体相符，则计算的 PH 压力点会落在初始 PF 直线段的延长线上。如果计算的 PH 压力不是沿初始 PF 直线段的延长线呈直线分布，则需要调整水体大小，重新计算，如此反复，最终将得到确切的水体大小。

（2）Fetkovitch 方法。

Fetkovitch（1971）提出了圆形和线性形状的有限边界水层水侵量的求解方法。

该方法有两个基本方程，第一个是水层的生产指数方程：

$$q_e=J\,(\bar{p}-p) \tag{6.22}$$

式中　q_e——水侵流量，m^3/d；

　　　J——水侵指数，$m^3/$（$d\cdot MPa$）；

　　　$\bar{p}$——水体的平均压力，MPa；

　　　p——水体的内边界压力，MPa。

第二个方程是假定地层水压缩系数不变时的水层物质平衡方程，此时水层的压降与水侵量呈正比，即

$$W_e = W_i (C_w + C_p)(p_i - \bar{p}) f \tag{6.23}$$

式中　W_e——水侵量，m^3；

　　　W_i——水体中的初始水量，m^3；

　　　C_w——水的压缩系数，MPa^{-1}；

　　　C_p——岩石（孔隙）的压缩系数，MPa^{-1}；

　　　p_i——水体原始地层压力，也是水体的外边界压力，MPa；

　　　$\bar{p}$——水体的平均压力，MPa；

　　　f——水侵角分数，$f = \theta/360°$；

　　　θ——水侵角，（°）。

当 $\bar{p} = 0$ 时最大的可能水侵量为：

$$W_{ei} = W_i (C_w + C_p) p_i f \tag{6.24}$$

Fetkovitch 由上述方程推得阶段水侵量计算方程为：

$$\Delta W_e = \frac{W_{ei}}{p_i}(\bar{p}_{n-1} - p_n)\left(1 - e^{-\frac{Jp_i}{W_{ei}}\Delta t_n}\right) \tag{6.25}$$

$\bar{p}_{n-1}$ 是前时间段最后时刻的水层平均压力，由式（6.25）求得：

$$\bar{p}_{n-1} = p_i\left[1 - \frac{(W_e)_{n-1}}{W_{ei}}\right] \tag{6.26}$$

水体大小采用式（6.26）计算：

$$W_i = \pi (r_a^2 - r_e^2) h\phi \tag{6.27}$$

式中　r_a——水层半径，m；

　　　r_e——油（气）藏半径，m；

　　　h——水层厚度，m；

　　　ϕ——水层孔隙度。

J 的数值用下面的公式进行计算。平面径向稳定渗流系统：

$$J = \frac{2\pi f K h}{\mu\left(\ln\dfrac{r_a}{r_e} - \dfrac{1}{2}\right)} \tag{6.28}$$

式中　K——水层渗透率，D；

　　　h——水层厚度，m；

　　　μ_w——地层水的黏度，$mPa \cdot s$；

r_a——水层半径，m；

r_e——油（气）藏半径，m；

f——水侵角分数，$f=\theta/360°$；

θ——水侵角，（°）。

平面径向拟稳定渗流系统：

$$J = \frac{2\pi fKh}{\mu\left(\ln\dfrac{r_a}{r_e} - \dfrac{3}{4}\right)} \tag{6.29}$$

6.2.4 水体活跃程度评价

水体活跃程度的高低对气藏的开发影响很大。水体活跃程度高的气藏，见水早，产水量大，气井的举升压力高，气藏的废弃压力也高，因而气藏的合理产气量小，采收率也较低。相反，水体活跃程度低的气藏，见水晚，产水量小，气井的举升压力低，气藏的废弃压力也低，因而气藏的合理产气量大，采收率也较高。

气藏的水侵替换系数为：

$$I = \frac{W_e - W_p B_w}{G_p B_{gi}} \tag{6.30}$$

6.3 水体能量评价实例应用

6.3.1 气藏平均地层压力的求取

根据典型水溶性 FD 气藏 Hb 和 Ha 储层单井静压的测试结果，进行平均处理得到各时间节点气藏的平均地层压力（表 6.1、表 6.2）。

表 6.1 Hb 气藏平均地层压力计算成果表

日期	平均地层压力，MPa	累计产气量，10^8m^3
2015.5.19	52.88	0.00
2015.7.8	52.47	0.63
2015.8.7	51.86	0.95
2015.9.24	50.79	1.52
2015.12.3	49.70	2.24
2016.5.8	47.12	4.26
2016.8.30	46.02	5.20

表 6.2 Ha 气藏平均地层压力计算成果表

日期	平均地层压力，MPa	累计产气量，$10^8 m^3$
2015.5.19	53.36	0.000
2015.8.11	52.47	0.252
2016.4.10	51.45	0.473
2016.5.12	49.85	0.563
2016.8.30	48.66	0.876

6.3.2 气藏水侵的识别

（1）生产指示曲线法。

根据气藏压力、产量数据，采用封闭气藏物质平衡方程计算不同开发时间点的 PF 值，并根据计算结果绘制气藏的 PF 线（图 6.2、图 6.3）。从图中可以看出曲线上翘明显，根据生产指示曲线判断 Hb、Ha 气藏均存在水侵现象。

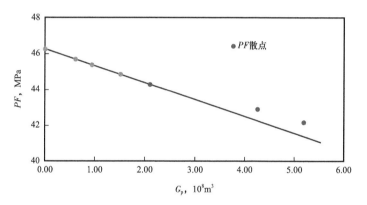

图 6.2 Hb 气藏生产指示曲线

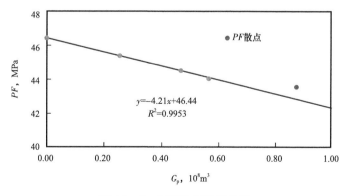

图 6.3 Ha 气藏生产指示曲线

（2）采出程度法。

采用该方法绘制 Hb、Ha 气藏的 *PED* 与 R_g 关系曲线（图6.4、图6.5）。从图中可以看出，气藏的 *PED* 与 R_g 关系曲线近期处于对角线上方，Hb、Ha 气藏均存在一定的水侵作用。

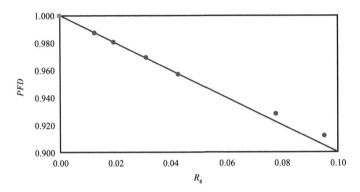

图 6.4　Hb 气藏无量纲压力与天然气采出程度关系曲线

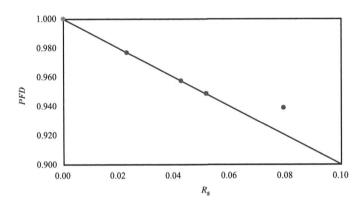

图 6.5　Ha 气藏无量纲压力与天然气采出程度关系曲线

6.3.3　气藏水侵量计算

（1）差值法。

根据外推 *PH* 线和 *PF* 线计算 ΔPH，然后可计算得到气藏的水侵量（表6.3、表6.4）。获得 Hb 气藏目前水侵量为 $32.75 \times 10^4 \text{m}^3$，Ha 气藏目前水侵量为 $4.13 \times 10^4 \text{m}^3$。

（2）图版法。

当把气藏的实际生产数据绘制到图版上，通过与图版曲线的对比，可以确定出气藏的存水体积系数（图6.6、图6.7），然后通过式（6.31）即可计算出气藏的水侵量。

$$W_e = W_p B_w + G B_{gi} \omega \tag{6.31}$$

采用采出程度法计算气藏的水侵量（表6.5、表6.6）。获得 Hb 气藏目前水侵量为

$27.45 \times 10^4 \mathrm{m}^3$，Ha 气藏目前水侵量为 $4.02 \times 10^4 \mathrm{m}^3$。

表 6.3　Hb 气藏水侵量计算成果表（差值法）

日期	压力 MPa	累计产气量 $10^8 \mathrm{m}^3$	水侵量 $10^4 \mathrm{m}^3$
2015.5.19	52.88	0.00	0.00
2015.8.11	52.47	0.63	0.46
2015.10.5	51.86	0.95	0.52
2015.10.31	50.79	1.52	0.58
2015.11.14	49.69	2.11	0.90
2016.5.12	47.12	4.26	26.20
2016.8.30	46.02	5.20	32.75

表 6.4　Ha 气藏水侵量计算成果表（差值法）

日期	压力 MPa	累计产气量 $10^8 \mathrm{m}^3$	水侵量 $10^4 \mathrm{m}^3$
2015.5.19	53.36	0.00	0.00
2015.8.11	52.47	0.25	0.25
2016.4.5	50.95	0.47	0.81
2016.5.12	49.85	0.56	1.52
2016.8.30	48.66	0.88	4.13

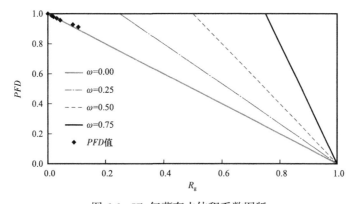

图 6.6　Hb 气藏存水体积系数图版

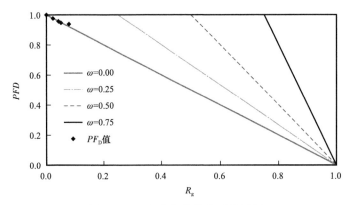

图 6.7　Ha 气藏存水体积系数图版

表 6.5　Hb 气藏水侵量计算成果表

日期	压力 MPa	累计产气量 $10^8 m^3$	水侵量 $10^4 m^3$
2015.5.19	52.88	0.00	0.00
2015.8.11	52.47	0.63	0.31
2015.10.5	51.86	0.95	0.40
2015.10.31	50.79	1.52	0.59
2015.11.14	49.69	2.11	2.06
2016.5.12	47.12	4.26	21.88
2016.8.30	46.02	5.20	27.45

表 6.6　Ha 气藏水侵量计算成果表

日期	压力 MPa	累计产气量 $10^8 m^3$	水侵量 $10^4 m^3$
2015.5.19	53.36	0.00	0.00
2015.8.11	52.47	0.25	0.22
2016.4.5	50.95	0.47	0.76
2016.5.12	49.85	0.56	1.51
2016.8.30	48.66	0.88	4.02

　　水侵量大小计算结果（表 6.7）表明，两种方法计算 Hb、Ha 气藏水侵量大小比较接近，Hb 气藏平均水侵量为 $30.10 \times 10^4 m^3$，Ha 气藏平均水侵量为 $4.08 \times 10^4 m^3$。

表 6.7 气藏水侵量计算结果汇总表

气藏	计算方法	水侵量，$10^4 m^3$
Hb	差值法	32.75
	图版法	27.45
	平均	30.1
Ha	差值法	4.13
	图版法	4.02
	平均	4.08

6.3.4 水体大小计算

（1）罐状水层模型。

采用罐状水层模型计算，Hb 气藏上气层在 r_a/r_e=1.1，对应水体 W_i=1.46×10^8 m^3（地下体积）时，计算的 PH 压力沿初始 PF 直线段的延长线呈直线分布（图 6.8）；Ha 气藏上气层在 r_a/r_e=1.08，对应水体 W_i=0.16×10^8 m^3（地下体积）时，计算的 PH 压力沿初始 PF 直线段的延长线呈直线分布（图 6.9）。

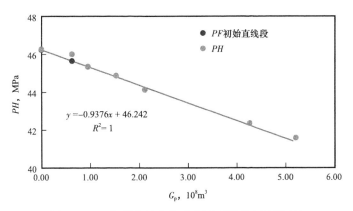

图 6.8 Hb 气藏水体参数确定图（罐状水层模型）

（2）Fetkovitch 方法。

采用 Fetkovitch 方法计算，Hb 气藏上气层在 r_a/r_e=2.3，对应水体 W_i=1.79×10^8 m^3（地下体积）时，Ha 气藏上气层在 r_a/r_e=2.15，对应水体 W_i=0.26×10^8 m^3（地下体积）时，计算的 PH 压力沿初始 PF 直线段的延长线呈直线分布（图 6.10、图 6.11）。

水体大小计算结果（表 6.8）表明，两种方法计算的 Hb、Ha 气藏水体大小比较接近，Hb 气藏平均水体倍数为 5.7 倍，Ha 气藏平均水体倍数为 1.50 倍，与地质模型和前期成果的水体大小基本一致。

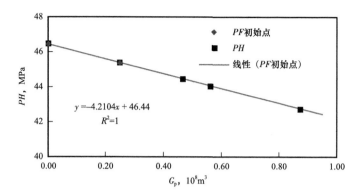

图 6.9　Ha 气藏水体参数确定图（罐状水层模型）

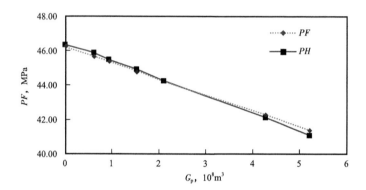

图 6.10　Hb 气藏水体参数确定图（Fetkovitch 方法）

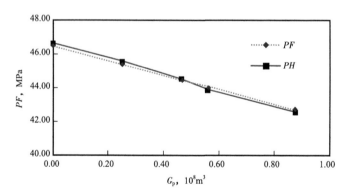

图 6.11　Ha 气藏水体参数确定图（Fetkovitch 方法）

6.3.5　水体活跃程度评价

依据边底水活跃度划分标准（表 6.9），气藏水侵替换系数见表 6.10，其中 Hb 气藏水侵替换系数为 0.17，边底水活跃程度为较活跃，偏向于不活跃，Ha 气藏水侵替换系数为0.14，边底水活跃程度为不活跃。

表 6.8 气藏水体大小计算结果汇总表

气藏	计算方法	无量纲半径 r_a/r_e	水体体积 10^8m^3	地质储量地面体积 10^8m^3	地质储量地下体积 10^8m^3	水体倍数
Hb	罐状水层模型	1.1	1.46	86	0.28	5.14
	Fetkovitch 方法	2.3	1.79			6.26
	平均		1.63			5.70
Ha	罐状水层模型	1.08	0.16	46	0.14	1.13
	Fetkovitch 方法	2.15	0.26			1.86
	平均		0.21			1.50

表 6.9 边底水活跃度划分标准

评价指标	边底水活跃程度		
	活跃	较活跃	不活跃
水侵替换系数	≥0.4	0.15～0.4	≤0.15

表 6.10 水体活跃程度评价参数汇总表

气藏	W_e 10^4m^3	W_p 10^4m^3	G_p 10^4m^3	B_{gi}	水侵替换系数
Hb	30.10	0.78	5.26	0.0033	0.17
Ha	4.08	0.11	0.88	0.0033	0.14

7　水溶性气藏气井产水对生产影响规律研究

随着高温高压水溶性气藏采出程度的增加，地层水将不断聚集在井底，造成气井产水，严重影响气井的生产能力，甚至造成气井水淹导致死井。因此，为了准确地分析预测高温高压水溶性气藏的水侵动态特征，产水对气井产能的影响研究十分必要。同时产水将导致气井积液，气井积液会严重影响气井的生产，甚至会导致气井被压死。由于积液过程是一个渐进的过程，如果能够较早地预测出气井的积液状况并及时采取防水和排液措施，可以有效地减轻积液对气井生产的影响，提高气井的采出程度，因此建立动态预测气井积液的方法对高温高压水溶性气藏的开发也有非常重要的意义。

7.1　产水对气井产能影响规律研究

由于高温高压水溶性气藏开发过程中，随地层压力下降，应力敏感效应引起渗透率和孔隙度降低；地层水将不断聚集井底，造成气井产水；再加上气藏存在的地层倾角引起的流体重力作用，都将影响气井产能。鉴于目前还没有综合考虑应力敏感、地层倾角和产水对气井产能影响的研究，因此，弄清应力敏感、地层倾角和产水对气井产能的影响关系就显得十分必要。本书将从渗流理论入手，充分考虑地层倾角和应力敏感性，引入气水两相拟压力函数，通过推导与求解，建立倾斜有水气藏产水气井的产能模型和产水气井的二项式气井产能方程，并通过对典型气藏进行实例分析，定量展示了应力敏感、地层倾角和水气比对气井产能的影响程度，从而建立气井产能与应力敏感、地层倾角和水气比的关系。

7.1.1　产水气井产能模型的建立

7.1.1.1　模型的假设条件

高温高压水溶性气藏存在地层倾角，且流动时主要表现为气水两相流动，建立考虑应力敏感的产水气井产能模型，对气藏条件做如下假设：

（1）具有一定倾角的储层 θ；

（2）气井为完善井，流体径向流入井内；

（3）地层流体微可压缩，且压缩系数为常数；

（4）流体黏度为常数，考虑气水两相高速非达西渗流，不考虑启动压力梯度；

（5）忽略毛细管力的影响；

（6）流体为等温流动。

7.1.1.2　模型的建立与推导

不同储层的原始渗透率以及应力敏感系数不同，大量实验表明，地层压力变化时，储层渗透率将随地层压力的变化呈现指数形式[188]，岩石渗透率与有效应力的关系为：

$$K=K_i e^{-b(p_i-p)} \tag{7.1}$$

基于孔隙介质理论和假设[189-190]，考虑地层倾角气水两相高速非达西渗流的运动方程为：

$$\frac{\partial p_w}{\partial r}=\frac{\mu_w}{KK_{rw}}v_w+\beta_w\rho_w v_w^2-\rho_w g\sin\theta \tag{7.2}$$

$$\frac{\partial p_g}{\partial r}=\frac{\mu_g}{KK_{rg}}v_g+\beta_g\rho_g v_g^2-\rho_g g\sin\theta \tag{7.3}$$

水相和气相的速度系数为 $\beta_w=\delta/K_w^{1.5}$、$\beta_g=\delta/K_g^{1.5}$，忽略毛细管力的影响，则 $p_w=p_g=p$，令水相、气相的速度分别为：

$$v_w=\frac{m_w}{2\pi rh\rho_w}\quad v_g=\frac{m_g}{2\pi rh\rho_g} \tag{7.4}$$

气水两相拟压力函数的定义：

$$\psi p=\int\left(\frac{\rho_g K_{rg}}{\mu_g}+\frac{\rho_w K_{rw}}{\mu_w}\right)\mathrm{d}p \tag{7.5}$$

并且假设水气质量比 $a=m_w/m_g$，则气体质量流量 $m_g=q_{sc}\rho_{sc}$，$m_w=aq_{sc}\rho_{sc}$ 定解条件：

$$\text{内边界条件：} r=r_w,\ p=p_{wf}\text{；外边界条件：} r=r_e,\ p=p_e \tag{7.6}$$

将边界条件带入式（7.5）：

$$\int_{P_{wf}}^{p_e}\left(\frac{\rho_g K_{rg}}{\mu_g}+\frac{\rho_w K_{rw}}{\mu_w}\right)\mathrm{d}p=\int_{r_w}^{r_e}\left(\frac{\rho_g K_{rg}}{\mu_g}\right)\frac{\partial p_g}{\partial r}\mathrm{d}r+\int_{r_w}^{r_e}\left(\frac{\rho_w K_{rw}}{\mu_w}\right)\frac{\partial p_w}{\partial r}\mathrm{d}r \tag{7.7}$$

选取其中一项进行积分：

$$\int_{P_{wf}}^{p_e}\left(\frac{\rho_g K_{rg}}{\mu_g}\right)\mathrm{d}p=\int_{P_{wf}}^{p_e}\left(\frac{\rho_g K_{rg}}{\mu_g}\right)\frac{\partial p}{\partial r}\mathrm{d}r=\int_{r_w}^{r_e}\frac{\rho_g K_{rg}}{\mu_g}\cdot\left(\frac{\mu_g}{KK_{rg}}v_g+\beta_g\rho_g v_g^2-\rho_g g\sin\theta\right)\mathrm{d}r \tag{7.8}$$

由于 $\beta_g=\dfrac{\delta}{K_g^{1.5}}$，$K_g=K\cdot K_{rg}$，因此 $\beta_g=\dfrac{\delta}{\left(K\cdot K_{rg}\right)^{1.5}}$，利用 $v_g=\dfrac{m_g}{2\pi rh\rho_g}$ 带入式（7.8）：

$$\int_{P_{wf}}^{p_e}\frac{\rho_g K_{rg}}{\mu_g}\mathrm{d}p=\int_{r_w}^{r_e}\left(\frac{m_g}{K}\frac{1}{2\pi h}\right)\frac{1}{r}\mathrm{d}r+\frac{m_g^2}{4\pi^2 h^2}\int_{r_w}^{r_e}\frac{\delta}{K^{1.5}}\frac{1}{\mu_g K_{rg}^{0.5}}\frac{1}{r^2}\mathrm{d}r+\left(r_w-r_e\right)n\left(\frac{K_{rg}\rho_g^2 g\sin\theta}{\mu_g}\right) \tag{7.9}$$

将 $K=K_i e^{-b(p_i-p)}$ 带入式（7.9）得到：

$$\int_{p_{wf}}^{p_e}\left(\frac{\rho_g K_{rg}}{\mu_g}\right)dp = \int_{r_w}^{r_e}\left(\frac{m_g}{K_i e^{-bp_i}e^{bp}}\frac{1}{2\pi h}\right)\frac{1}{r}dr + \frac{m_g^2}{4\pi^2 h^2}$$
$$\int_{r_w}^{r_e}\left(\frac{\delta}{K_i^{1.5}e^{-1.5b(p_i-p)}}\cdot\frac{1}{\mu_g K_{rg}^{0.5}}\frac{1}{r^2}\right)dr + (r_w-r_e)\cdot\left(\frac{K_{rg}\rho_g^2 g\sin a}{\mu_g}\right) \quad (7.10)$$

同理可得：

$$\int_{p_{wf}}^{p_e}\frac{\rho_w K_{rw}}{\mu_w}dp = \int_{r_w}^{r_e}\left(\frac{m_w}{K_i e^{-bp_i}e^{bp}}\frac{1}{2\pi h}\right)\frac{1}{r}dr + \frac{m_w^2}{4\pi^2 h^2}$$
$$\int_{r_w}^{r_e}\left(\frac{\delta}{K_i^{1.5}e^{-1.5b(p_i-p)}}\cdot\frac{1}{\mu_w K_{rw}^{0.5}}\frac{1}{r^2}\right)dr + (r_w-r_e)\cdot\left(\frac{K_{rw}\rho_w^2 g\sin a}{\mu_w}\right) \quad (7.11)$$

结合式（7.10）和式（7.11）得到：

$$\int_{p_{wf}}^{p_e}\left(\frac{\rho_g K_{rg}}{\mu_g}+\frac{\rho_w K_{rw}}{\mu_w}\right)dp = \int_{r_w}^{r_e}\left(\frac{m_t}{K_i e^{-bp_i}e^{bp}2\pi h}\right)\frac{1}{r}dr + \left(\frac{1}{\mu_g K_{rg}^{0.5}}\cdot\frac{m_g^2}{4\pi^2 h^2}+\frac{1}{\mu_w K_{rw}^{0.5}}\cdot\frac{m_w^2}{4\pi^2 h^2}\right)$$
$$\int_{r_w}^{r_e}\frac{\delta}{K_i^{1.5}e^{-1.5b(p_i-p)}}\cdot\frac{1}{r^2}dr + (r_w-r_e)\cdot\left(\frac{K_{rw}\rho_w^2 g\sin\theta}{\mu_w}+\frac{K_{rg}\rho_g^2 g\sin\theta}{\mu_g}\right) \quad (7.12)$$

式（7.12）右边两相均是由渗透率引起的压力降，并非常数，而与地层压力分布有关，进行积分时常规积分方法无法求解，本文采用近似方法计算获取近似解。当 $p=p_e$ 时，采用近似方法求解。

$$\int_{r_w}^{r_e}\left(\frac{1}{K_i e^{-bp_e}e^{b\left(\frac{p_e+p_{wf}}{2}\right)}2\pi h}\right)\frac{1}{r}dr = \int_{r_w}^{r_e}\left(\frac{1}{K_i e^{b\left(\frac{p_{wf}-p_e}{2}\right)}2\pi h}\right)\frac{1}{r}dr \quad (7.13)$$

$$\int_{r_w}^{r_e}\frac{\delta}{K_i^{1.5}e^{-1.5b(p_i-p)}}\frac{1}{r^2}dr = \int_{r_w}^{r_e}\frac{\delta}{K_i^{1.5}e^{-1.5b\left(\frac{p_{wf}-p_e}{2}\right)}}\frac{1}{r^2}dr \quad (7.14)$$

如果考虑气井的不完善性，假设表皮系数为 S，用附加阻力方法可将式（7.12）化简为：

$$\psi(p_e)-\psi(p_{wf}) = \frac{1}{K_i e^{\frac{p_{wf}-p_e}{2}}2\pi h}\ln\left(\frac{r_e}{r_w}+S\right)\times(1+a)q_{sc}\rho_{sc}$$
$$+\frac{\left(\mu_w K_{rw}^{0.5}+a^2\mu_g K_{rg}^{0.5}\right)q_{sc}^2\rho_{sc}^2}{\mu_g K_{rg}^{0.5}\mu_w K_{rw}^{0.5}4\pi^2 h^2}\int_{r_w}^{r_e}\frac{\delta}{K_i^{1.5}e^{-1.5b\left(\frac{p_{wf}-p_e}{2}\right)}}\cdot\frac{1}{r^2}dr \quad (7.15)$$
$$+(r_w-r_e)\cdot\left(\frac{K_{rw}\rho_w^2 g\sin\theta}{\mu_w}+\frac{K_{rg}\rho_g^2 g\sin\theta}{\mu_g}\right)$$

令

$$A = \frac{\left(\mu_{w}K_{rw}^{0.5} + a^2\mu_{g}K_{rg}^{0.5}\right)\rho_{sc}^2}{\mu_{g}K_{rg}^{0.5}\mu_{w}K_{rw}^{0.5}4\pi^2 h^2}\int_{r_w}^{r_e}\frac{\delta}{K_i^{1.5}e^{-1.5b\left(\frac{p_{wf}-p_e}{2}\right)}}\cdot\frac{1}{r^2}\mathrm{d}r$$

$$B = \frac{1}{K_i e^{\frac{p_{wf}-p_e}{2}}2\pi h}\ln\left(\frac{r_e}{r_w}+S\right)\times(1+a)\rho_{sc}$$

考虑应力敏感性的倾斜有水气藏产水气井产能方程表达式为：

$$\psi(p_e)-\psi(p_{wf}) = Aq_{sc}^2 + Bq_{sc} + (r_w - r_e)\cdot\left(\frac{K_{rw}\rho_w^2 g\sin\theta}{\mu_w}+\frac{K_{rg}\rho_g^2 g\sin\theta}{\mu_g}\right) \qquad (7.16)$$

式中　K_i——原始地层压力下的渗透率，mD；

　　　K——有效应力下的绝对渗透率，mD；

　　　b——应力敏感系数，MPa^{-1}；

　　　p_i——原始地层压力，MPa；

　　　p——气层的当前压力，MPa；

　　　θ——地层倾角，(°)；

　　　K_{rw}、K_{rg}——水相、气相的相对渗透率；

　　　p_w、p_g——水相、气相的压力，MPa；

　　　v_w、v_g——水相、气相的速度，m/s；

　　　μ_w、μ_g——水相、气相的黏度，mPa·s；

　　　β_w、β_g——水相、气相的速度系数，m^{-1}；

　　　ρ_w、ρ_g——水、气体的密度，kg/m^3；

　　　δ——常数，7.644×10^{10}；

　　　K_g、K_w——水相、气相的渗透率，mD；

　　　g——重力加速度，m/s^2；

　　　m_g、m_w、m_t——气、水、气水和的质量流量，kg/s；

　　　ρ_{sc}——标准状况下气体的密度，kg/m^3

　　　q_{sc}——标准状况下气体的体积流量，m^3/s；

　　　a——水气质量比，kg/kg；

　　　h——油层厚度，m；

　　　r_e——气井控制半径；

　　　r_w——井眼半径，m；

　　　p_{wf}——井底流压，MPa；

　　　p_e——地层压力，MPa；

A——产能方程达西系数；

B——产能方程非达西系数；

$\psi(p_e)$——p_e 时的气水两相拟压力；

$\psi(p_{wf})$——p_{wf} 时的气水两相拟压力。

7.1.2 模型的应用与验证

7.1.2.1 气藏基本概况

以 FD 气藏为例，地层压力为 52MPa，地层温度为 145℃，渗透率为 10mD，水的密度为 $1g/cm^3$，水的黏度为 0.8mPa·s，天然气相对密度为 0.65，应力敏感指数为 $0.025MPa^{-1}$，泄气半径 1500m，储层厚度 50m，地层水体积系数为 1，地层倾角为 2.5°，井眼半径 0.1m。根据气藏的实验得到气藏的气水相对渗透率曲线（图 5.9）、气体体积系数和密度与压力的变化曲线（图 7.1），气体偏差系数和黏度与压力的变化曲线（图 7.2）。根据含水率计算公式式（7.17）计算产水率与含水饱和度的关系曲线（图 7.3）。

$$f_w = \cfrac{1}{1 + \cfrac{K_{rg}}{K_{rw}} \times \cfrac{\mu_w}{\mu_g}} \tag{7.17}$$

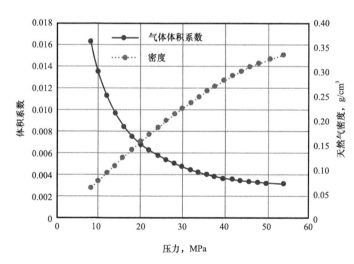

图 7.1 气体体积系数和密度与压力的关系曲线

7.1.2.2 模型的验证

通过试井解释获得气井产能是公认的比较准确的方式之一。为验证模型的准确性，采用稳定试井的资料进行解释，并与建立的模型计算结果进行对比。FD 气藏 F1 井生产水气比为 $0.5m^3/10^4m^3$ 时产能测试资料见表 7.1 和图 7.4，采用稳定试井的回归二项式产能方程：$p_R^2 - p_{wf}^2 = 0.0133q_{sc}^2 + 4.4521q_{sc}$，计算 F1 井无阻流量为 $313.2 \times 10^4 m^3/d$。用建立考虑应力敏感的倾斜有水气藏气井产能模型计算 F1 井无阻流量为 $304.6 \times 10^4 m^3/d$，误差仅为 2.75%，说明模型有较好的实用性，能在没有测试的情况下获得比较准确气井产能。

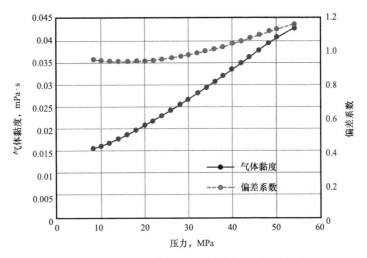

图 7.2　气体黏度和偏差系数与压力的关系曲线

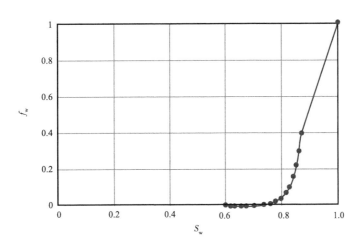

图 7.3　含水率与含水饱和度曲线

表 7.1　F1 井产能测试数据

工作油嘴 mm	井口流压 MPa	产气量 $10^4 m^3/d$	产水量 m^3/d	稳定试井产能 $10^4 m^3/d$	新模型计算产能 $10^4 m^3/d$	误差 %
8	51.13	19.15	10.03			
12	50.58	29.91	9.16			
14	50.01	40.65	6.27	313.2	304.6	2.75
18	49.51	49.65	2.78			

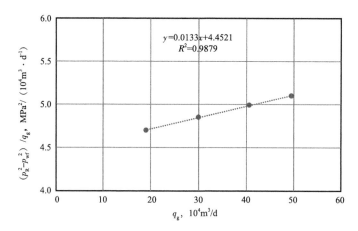

图 7.4　F1 井二项式产能曲线

7.1.3　产水气井产能的影响因素分析

7.1.3.1　地层倾角对产能的影响

由于存在地层倾角，导致地层中流体的重力作用越来越大，使重力驱动的贡献也越来越大，总体上将增加气藏能量，从而增大气井产能。以 FD 气藏的数据为基础，应力敏感指数为 $0.025MPa^{-1}$，水气比 $0.5m^3/10^4m^3$，假定不同气藏倾斜角度 0、2.5°、5°、10°、20°、40°、60°、90° 进行理论对比分析：当气藏存在倾斜角时，井底流压为地层压力时，气井产量不为 0（图 7.5），主要原因在于地层倾角影响，流体的重力导致气井仍存在一定的压差，且倾斜角越大，流体的重力越大，气井产生的压差越大，产量也越大。

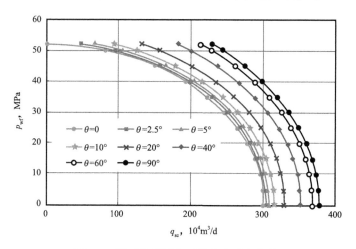

图 7.5　不同地层倾角下的流入动态曲线

气井无阻流量随地层倾角的增大而增大（图 7.6），地层倾角从 0 到 90°，无阻流量从 $301.09 \times 10^4m^3/d$，$304.57 \times 10^4m^3/d$，$308.59 \times 10^4m^3/d$，$315.85 \times 10^4m^3/d$，$329.53 \times 10^4m^3/d$，

$352.65 \times 10^4 \text{m}^3/\text{d}$，$368.87 \times 10^4 \text{m}^3/\text{d}$ 和 $378.28 \times 10^4 \text{m}^3/\text{d}$，增加幅度为 25.6%。从单位地层倾角对气井产能的影响来看，地层倾角小于 40° 时，无阻流量从 $301.09 \times 10^4 \text{m}^3/\text{d}$ 增加到 $352.65 \times 10^4 \text{m}^3/\text{d}$，增加单位地层倾角，气井产能增加大于 0.41%，平均为 0.43%；而大于 40° 后，无阻流量从 $352.65 \times 10^4 \text{m}^3/\text{d}$ 增加到 $378.28 \times 10^4 \text{m}^3/\text{d}$，增加单位地层倾角，气井产能增加幅度减小，气井产能增加小于 0.27%，平均为 0.17%。因此，地层倾角为 40° 为一个界限，当倾角小于 40° 时，气井产能的增长速度是大于倾角大于 40° 的气井产能增长速度的。

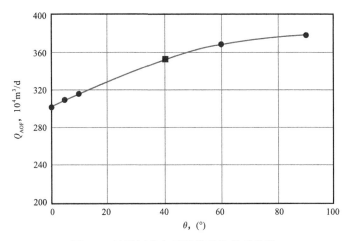

图 7.6　地层倾角与无阻流量的关系曲线

7.1.3.2　应力敏感对产能的影响

应力敏感的存在将降低气藏的渗透率，从而影响气井产能。研究应力敏感对气井产能的影响，以实际气藏的实验和相关物性数据为基础，地层倾角为 2.5°，水气比为 $0.5 \text{m}^3/10^4 \text{m}^3$，假定不同应力敏感系数为 0、$0.005\text{MPa}^{-1}$、$0.015\text{MPa}^{-1}$、$0.025\text{MPa}^{-1}$、$0.04\text{MPa}^{-1}$、$0.06\text{MPa}^{-1}$ 进行理论分析：由于气藏存在地层倾角，存在不同应力敏感程度时，井底流压为地层压力时气井产量均不为 0（图 7.7）。应力敏感系数越大，气井无阻流量也越低，主要原因在于应力敏感性越强，导致渗透率下降也越大，同一生产压差下气井产量越低，气井无阻流量也越低（图 7.8），应力敏感程度与气井产能满足线性递减的关系，应力敏感指数从 0 到 0.06，无阻流量从 $348.15 \times 10^4 \text{m}^3/\text{d}$ 下降到 $218.74 \times 10^4 \text{m}^3/\text{d}$，下降幅度为 37.2%。

7.1.3.3　水气比对产能的影响

水溶性气藏在生产过程中，气井易产水，随水气比的增加，气井的气相渗透率降低，水相相对渗透率升高，导致气井的产能降低。为研究产水对气井产能的影响，以实际气藏的实验和相关物性数据为基础，当水气比低于 $0.5 \text{m}^3/10^4 \text{m}^3$ 时，可视为产水为凝析水，因此选取不同水气比 $0.5 \text{m}^3/10^4 \text{m}^3$、$2 \text{m}^3/10^4 \text{m}^3$、$4 \text{m}^3/10^4 \text{m}^3$、$6 \text{m}^3/10^4 \text{m}^3$、$8 \text{m}^3/10^4 \text{m}^3$、

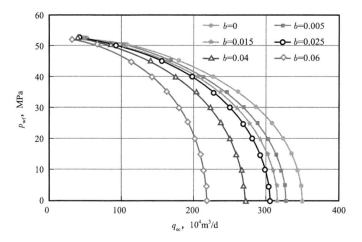

图 7.7　不同应力敏感系数下的流入动态曲线

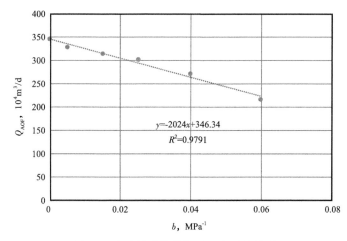

图 7.8　应力敏感指数与无阻流量的关系

$10m^3/10^4m^3$、$15m^3/10^4m^3$ 进行分析：由于气藏存在地层倾角，存在不同水气比时，井底流压为地层压力气井产量均不为 0（图 7.9）。气井水气比增加，气井的气相渗透率将降低，导致气井的无阻流量将逐渐减小（图 7.10），气井的无阻流量的降低与水气比的上升满足指数关系，当水气比从 $0.5m^3/10^4m^3$ 到 $15\ m^3/10^4m^3$，无阻流量分别为 $304.57\times10^4m^3/d$、$221.71\times10^4m^3/d$、$183.17\times10^4m^3/d$、$156.76\times10^4m^3/d$、$117.99\times10^4m^3/d$ 和 $85.91\times10^4m^3/d$，总体表现为从 $304.57\times10^4m^3/d$ 下降到 $85.91\times10^4m^3/d$，下降幅度为 71.8%。

当水气比从 $0.5m^3/10^4\ m^3$ 到 $4.0m^3/10^4\ m^3$ 时，气井产能从 $304.57\times10^4\ m^3/d$ 下降到 $183.17\times10^4\ m^3/d$，气井产能在单位水气比下下降速率大于 10%；当水气比从 $4.0m^3/10^4\ m^3$ 到 $15.0m^3/10^4\ m^3$ 时，气井产能从 $183.17\times10^4\ m^3/d$ 下降到 $85.91\times10^4\ m^3/d$，气井产能在单位水气比下下降速率为 5.99%。这表明气井产能的下降速度在低水气比下下降得更快，但

是如果水气比太大，超过了气井的携液能力，将使气井停止生产。主要原因在于，随着水气比的增加，水的相对渗透率增加，即流动过程中的主要流体是水，井筒内能量损失；当压力损失到等于井底流动压力时，气井产量为 0。

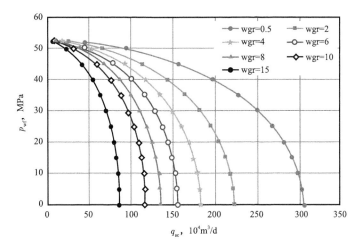

图 7.9 不同水气比下的流入动态曲线

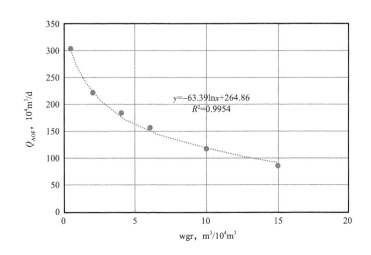

图 7.10 水气比与无阻流量的关系

总体看来，基于渗流理论建立的考虑地层倾角、应力敏感性和水气比的产水气井产能方程计算结果与实际相符，误差仅为 2.75%。

（1）储层有一定倾角时，由于受流体重力的影响，即使井底流压等于地层压力时，气井产量将不为 0，总体气井无阻流量随地层倾角的增大而增大，且地层倾角存在一个界限为 40°，小于 40° 时增速较快，大于 40° 后增速放缓，地层倾角 0～90° 总体增幅为 25.6%。

（2）倾斜有水气藏产能还与应力敏感性和水气比相关，应力敏感性越强，气井无阻流量越低，且满足线性的关系，应力敏感指数从 0 到 0.06，无阻流量下降幅度为 37.2%。水气比越大，气井的无阻流量越低，且满足指数关系，水气比从 $0.5m^3/10^4m^3$ 到 15 $m^3/10^4m^3$，下降幅度为 71.8%。

（3）对产水气井产能的主要影响因素中，根据产能伤害程度分析认为，水气比是主要影响因素，其次为应力敏感性，再次为地层倾角。

7.2 产水气井积液风险预测研究

气井积液是气井有效生产最关心也是难以解决的问题，如何提前预测有水气藏气井什么时候、什么状态下积液，是气井有效开发的关键。本书以产水气井的产能模型入手，建立产水气井产量与压力、水气比的函数变化关系，进而结合气藏数值模拟预测气井地层压力与水气比的关系，获得综合考虑压力和水气比变化的产量变化关系，并以气井的临界携液流量为界限，建立产水气井积液风险预测模型，并预测出动态上气井积液时对应的地层压力和生产水气比。预测的结果可为积液风险井提前做好防水治水策略提供依据，为合理有效地开发有水气藏奠定基础。

7.2.1 积液风险预测模型建立思路

以产水气井产能模型为基础，获得产水对气井产能的影响规律，从而得出产量随地层压力、水气比的函数变化关系，进而结合气井积液的判断模型和数值模拟预测压力与水气比的关系，最终判断出气井的积液时间，具体思路如图 7.11 所示。

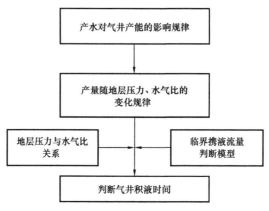

图 7.11　气井积液风险预测思路图

7.2.2 气井临界携液流量模型适应性分析

气井开始积液时，井筒内气体使液滴向上运移的最低流速称为气井携液临界流速，对应的流量称为气井携液临界流量。当井筒内气体实际流速小于临界流速时，气体就不能将井内液体全部排出井口，井底就会产生积液。所以，为了保证气井不积液，则气井配产必须大于携液临界流量，准确确定气井的携液临界流量，对于气井的配产有很大的指导意义。

国内外许多学者已经提出了计算气井临界流量的数学公式，现场上常见的临界流速模型有 Duggan 模型、Turner 模型、Coleman 模型、Nosseir 模型、李闽模型、杨川东模型。Duggan 模型基于统计数据得到了气井临界流量表达式，其他五种模型均以液滴模型为基础，以井口或井底条件为参考点，推导出了临界携液流量公式。

（1）Duggan 模型。

早期的气井生产并没有一个明确判断气井积液的依据，气井井底积液不但影响气井生产，同时影响气井数据计量的准确性。气藏生产迫切需要判断气井是否积液的依据。1961 年，Duggan 经过对现场大量的数据整理，提出了最小气体流速的概念。Duggan 认为，气井最小气体流速是保证气井无积液生产的最低流速。经过统计分析，Duggan 指出，1.524m/s 的井口流速是气井生产的最低流速，小于这个生产速度，气井就会出现积液。

（2）Turner 模型。

在 Duggan 临界流速思想的指导下，Turner 在 1969 年提出了液滴模型，他认为液滴模型可以准确地预测积液的形成。Turner 假设液滴在高速气流携带下是球形液滴，通过对球形液滴的受力分析，导出了气井携液的临界流速公式。对球形液滴进行分析，它受到自身向下的重力和气流向上的推力。

气流对液滴向上的推力 F：

$$F=\pi d^2 C_d U_c \rho_g / 8 \tag{7.18}$$

液体自身的重力 G：

$$G=\pi d^3 (\rho_1 - \rho_g) g / 6 \tag{7.19}$$

式中 U_c——气井临界流速，m/s，

d——最大液滴直径，m；

ρ_1、ρ_g——液体、气体密度，kg/m^3；

C_d——曳力系数，取 0.44。

当 $F-G \geqslant 0$ 液滴就不会滑落。Turner 认为，只要气井中最大直径的液滴不滑落，气井积液就不会发生。液体的最大直径由韦伯数决定，当韦伯数超过 30 后，气流的惯性力和液滴表面张力间的平衡被打破，液滴会破碎。因此最大液滴直径由式（7.21）决定：

$$N_c = U_c^2 \rho_g d / 6 = 30 \tag{7.20}$$

求得液滴最大直径：

$$d = 30\sigma / U_c^2 \rho_g \tag{7.21}$$

综合式（7.18）至式（7.21）可以求得气井临界流速：

$$U_c = 5.48 \left[\sigma \left(\rho_1 - \rho_g \right) / \rho_g^2 \right]^{0.25} \tag{7.22}$$

换算成标况下的气井流量公式：

$$q_c = 2.5 \times 10^8 A U_c \frac{p}{ZT} \tag{7.23}$$

式中　q_c——气井临界流量，m^3/d；

　　　N——韦伯数；

　　　σ——气液表面张力，N/m；

　　　A——油管横截面积，m^2；

　　　p——压力，MPa；

　　　T——温度，K；

　　　Z——气体压缩因子。

Turner 模型是建立在高气液比的气井生产前提下的，通过与该生产制度下的现场数据对比发现，将计算出的临界流速提高 20% 后更加符合现场实际。修正后的公式为：

$$U_c = 6.6 \left[\sigma \left(\rho_1 - \rho_g \right) / \rho_g^2 \right]^{0.25} \tag{7.24}$$

（3）Coleman 模型。

Coleman 观察 Turner 数据，发现 Turner 模型是在井口压力大于 3.4475MPa 的情况下得出的，而积液井井口压力一般低于 3.4475MPa。Coleman 研究了大量低压气井的生产数据，运用 Turner 理论的思想，推导出了低压气井的临界流速公式：

$$U_c = 4.45 \left[\sigma \left(\rho_1 - \rho_g \right) / \rho_g^2 \right]^{0.25} \tag{7.25}$$

换算成标况下的气井流量公式：

$$q_c = 2.5 \times 10^8 A U_c \frac{p}{ZT} \tag{7.26}$$

（4）Nosseir 模型。

Turner 模型中使用的曳力系数是 0.44，Nosseir 研究发现 Turner 的数据雷诺数小于 2×10^5，而在雷诺数 $2 \times 10^5 < NRe < 10^6$ 时，曳力系数是 0.2，而不是 0.44。Nosseir 应用光滑、坚硬、球形液滴理论，建立两种分析模型，一种是瞬变流模型，一种是紊变流模型。以 Allen 的瞬变流公式和牛顿的紊流公式为起点，应用 Hinze 公式去求最大液滴直径，可得到两个与液滴模型相似的公式。

① 瞬变流公式：在低压流动系统中，可以出现瞬变状态，此时曳力系数取 0.44，瞬变流公式：

$$U_c = 4.556^{0.35} \left(\rho_1 - \rho_g \right)^{0.21} / \mu_g^{0.134} \rho_g^{0.426} \tag{7.27}$$

② 紊变流公式：在高速紊流状态下，曳力系数取 0.2，紊变流公式：

$$U_c = 6.636^{0.25} \left(\rho_1 - \rho_g \right)^{0.25} / \rho_g^{0.5} \tag{7.28}$$

（5）李闽模型。

李闽认为被高速气流携带的液滴在高速气流作用下，其前后存在一个压力差，在这种压力差的作用下液滴会变成一椭球体。

扁平椭球液滴具有较大的有效面积，更加容易被携带到井口中，因此所需的临界流量和临界流速都会小于球形模型的计算值。李闽模型计算出的临界流速和临界流量为 Turner 模型的 38%。在临界流状态下，液滴相对于井筒不动。液滴的重力等于浮力加阻力。

$$\rho_1 g V = \rho_g g V + 0.5 \rho_g U_c^2 S C_D \tag{7.29}$$

式中　V——椭球体的体积，m^3；

　　　S——椭球的垂直投影面积 $S = \left(\dfrac{\rho_g U_c^2 V}{2\sigma} \right)$，$m^2$；

　　　C_D——阻力系数，取 1。

综合上面的公式，就可得到临界流速公式：

$$U_c = 2.5 \left[\sigma \left(\rho_1 - \rho_g \right) / \rho_g^2 \right]^{0.25} \tag{7.30}$$

换算成标况下的气井流量公式：

$$q_c = 2.5 \times 10^8 A U_c \frac{p}{ZT} \tag{7.31}$$

（6）杨川东模型。

杨川东模型把井底作为连续排液的参考点，认为只要井底处能满足连续排液的条件，气井就能正常连续生产。气井油管管鞋处的气体体积流量可表示为：

$$Q = 8.64 \times 10^4 \frac{\pi d_i^2}{4} u \tag{7.32}$$

式中　Q——井底条件下管鞋处气体流量，m^3/d；

　　　d_i——油管内径，m；

　　　u——在井底状况下油管鞋断面处的气体流速，m/s。

井底状况下油管管鞋处的气体体积流量与标准状况下气体流量的关系为：

$$Q = \frac{0.1013 \times Z \times T_{wf}}{p_{wf} \times 293} Q_0 \tag{7.33}$$

式中　Q_0——井标准状况下管鞋处气体流量，m^3/d；

　　　p_{wf}——井底压力，MPa；

　　　T_{wf}——井底温度，K；

Z——井底条件下的压缩因子。

综合式（7.32）和式（7.33）得：

$$u = 5.097 \times 10^{-9} \frac{ZT_{wf}Q_0}{p_{wf}d_i^2} \tag{7.34}$$

当气井在临界流速状态下生产时，液体的沉降速度等于气体的速度，即 $u-u_1=0$，运用质点力学可求得沉降速度：

$$u_1 = 0.0276 \times \left(10553 - 34147 \frac{r_g p_{wf}}{ZT_{wf}}\right)^{0.25} \left(\frac{r_g p_{wf}}{ZT_{wf}}\right)^{-0.5} \tag{7.35}$$

式中　u_1——井管鞋处液体的沉降速度，m/s；

　　　r_g——井气体的相对密度。

为保证连续排液，气体临界流速须为临界沉降速度的 1.2 倍，即

$$U_c = 1.2u_1 = 0.03313 \times \left(10553 - 34147 \frac{r_g p_{wf}}{ZT_{wf}}\right)^{0.25} \left(\frac{r_g p_{wf}}{ZT_{wf}}\right)^{-0.5} \tag{7.36}$$

标准状况下的临界流量为：

$$U_c = 6.4999 \times 10^6 \left(r_g ZT_{wf}\right)^{-4.5} \left(10553 - 34147 \frac{r_g p_{wf}}{ZT_{wf}}\right)^{0.25} p_{wf} 0.5 d_i^2 \tag{7.37}$$

针对目前常见的 6 种临界携液量模型特点，对各自模型的优缺点及适用条件进行了总结，见表 7.2，表明李闽模型在我国应用相对比较广泛。

表 7.2　常见临界携液量模型特点总结表

模型	优点	缺点	适用条件
Duggan	提出了气井生产的临界流速的概念，为气井积液与否提供了判断依据	没有考虑到气藏条件和井筒条件的差异性，气井生产的临界流速不可能是一个常量	属于基础模型，目前适用性不高
Turner	在气液比非常高，流态属于雾状流的气井计算中具有相当好的精度	计算结果与实测偏大	适用于气液比非常高（大于1400）的情况
Coleman	低压气井相对较好	计算结果与实测偏大	模型适用于井口压力小于3.447MPa 的低压井
Nosseir	考虑了两种流态，经过流态的划分进一步提高了计算的准确性	计算结果与实测偏大	适用性较差
李闽	更加符合我国气田的实际情况	计算精度较高	在现场得到了广泛的应用
杨川东	充分考虑了我国气田的实际情况，从质点力学的角度推导出了临界流速	计算结果与实测偏大	适用性一般

7.2.3 积液风险井预测模型建立

7.2.3.1 产水气井产量随地层压力和水气比的变化规律研究

以建立的产水气井的产能方程为基础，综合考虑地层压力和水气比的大小变化，确定出产能与二者的变化关系。以水溶性气藏为例，以气藏的物性为基础，通过建立的产水气井的产能方程计算不同水气比生产条件下的产能，同时考虑凝析水和束缚水在生产中影响，水气比的初始值设为 $0.5m^3/10^4m^3$，其他不同水气比分别为：$2m^3/10^4m^3$、$4m^3/10^4m^3$、$6m^3/10^4m^3$、$8m^3/10^4m^3$、$10m^3/10^4m^3$、$15m^3/10^4m^3$，从而获得气藏不同地层压力和水气比条件下产能，根据分析可以分别获得气井无阻流量下降率随水气比和地层压力变化关系（图 7.12、图 7.13），从图中可得：

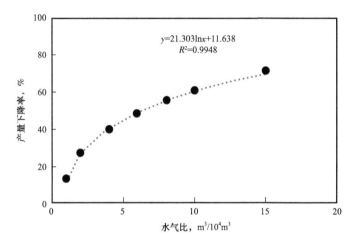

图 7.12　气井产量下降率随水气比的变化关系

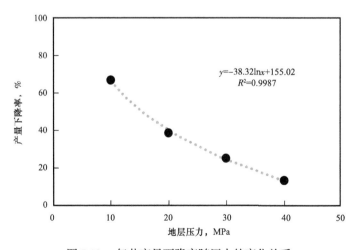

图 7.13　气井产量下降率随压力的变化关系

（1）不同地层压力情况下，气井无阻流量下降率随水气比变化关系保持一致，满足半对数递增的关系；

（2）不同水气比情况下，气井无阻流量下降率随地层压力变化关系保持一致，满足半对数递减的关系。

由于无阻流量是井底流压为大气压力下的产量，因此也可以视为气井产量的下降率随水气比和地层压力变化关系函数与前面一致，满足式（7.38）和式（7.39）：

$$a_1 = A_1 \ln wgr + B_1 \qquad (7.38)$$

$$a_2 = A_2 \ln p_R + B_2 \qquad (7.39)$$

7.2.3.2 积液风险井预测模型建立

在特定气藏，产水气井的产量主要与气井的水气比、地层压力、应力敏感性、井口压力、井筒半径和井口温度等相关。

$$q_{sc} = f(wgr, \ p_R, \ b, \ p_{wh}, \ r_w, \ T_{wh}) \qquad (7.40)$$

应力敏感性可以通过应力敏感测试获得，而井口压力、井筒径和井口温度根据气藏的实际情况获得井口的最低压力和最小的井口温度，因此在该计算模型中，应力敏感性、井口压力、井筒径和井口温度可以看作为一特定的值，将模型简化成：

$$q_{sc} = f(wgr, \ p_R) \qquad (7.41)$$

而通过考虑应力敏感性的产水气井产能方程的建立，可以获得气藏的产量与水气比、产量与压力的单因素下降变化关系式（7.42）和式（7.43），因此可以获得在目前产量的情况下，气井产量随水气比和压力的变化关系式，分别为：

$$q_{sc} = q_{si} \times [1 - A_1 \times \ln(wgr) + B_1] \qquad (7.42)$$

$$q_{sc} = q_{si} \times [1 - A_2 \times \ln(p_R) + B_2] \qquad (7.43)$$

由于水气比与压力的变化关系属于一种动态关系，影响因素较多，主要包括地层水是否到达井底、凝析水的含量等因素，难以真正确定水气比与压力的变化之间的关系。因此，采用数值模拟预测水气比与压力的关系的方法，即通过建立气藏的数值模拟模型，在历史拟合的基础上进行动态预测，进而获得压力与水气比变化的动态关系，常规气藏主要表现有三种情况：（1）边底水未到达井底，仅有凝析水的情况，因此只需考虑产量随压力的变化情况；（2）气井见水后，水气比随压力下降缓慢上升，产量变化须考虑压力和水气比变化的共同影响；（3）在低压情况下，气井见水后水气比快速上升，水气比影响大于压力的影响，产量变化两者均须考虑。在三种情况下均可获得一定关系：

$$q_R = f(\text{wgr}) \tag{7.44}$$

要判断气井是否积液，还需结合气井的临界携液流量，向耀权等[191-198]通过对气井临界携液流量计算模型对比分析，认为李闽模型将液滴作为一个椭球体进行研究，更加合理，也更加符合我国气田的实际情况，在现场得到广泛应用，因此气井的临界携液流量选用李闽模型：

$$q_c = 2.5 \times 10^8 A U_c \frac{p}{ZT} \tag{7.45}$$

如果临界携液流量大于或等于产量则积液，反之则不积液。综合式（7.41）至式（7.45），建立积液风险井预测模型：

$$\begin{cases} q_{sc} = f(\text{wgr}, p_R) \\ q_{sc} = q_{si} \times \left\{1 - \left[A_1 \times \ln(\text{wgr}) + B_1\right]\right\} \\ q_{sc} = q_{si} \times 1 - \left[A_2 \times \ln(p_R) + B_2\right] \\ p_R = f(\text{wgr}) \\ q_c = 2.5 \times 10^8 A U_c \frac{p}{ZT} \\ if \cdot q_{sc} > q_c \text{ 不积液}, \quad q_{sc} < q_c \text{ 积液} \end{cases} \tag{7.46}$$

式中　b——应力敏感系数，MPa^{-1}；

　　　a_1、a_2——产量下降率；

　　　A_1、B_1、A_2、B_2——回归系数；

　　　p_R——地层压力，MPa；

　　　wgr——生产水气比，$\text{m}^3/10^4\text{m}^3$；

　　　p_{wh}——井口压力，MPa；

　　　T_{wh}——井口温度，℃；

　　　U_c——气井临界流速，m/s；

　　　ρ_1、ρ_2——液体、气体密度，kg/m^3；

　　　q_c——气井临界流量，m^3/d；

　　　σ——气液表面张力，N/m；

　　　A——油管横截面积，m^2；

　　　p——压力，MPa；

　　　T——井口温度，K；

　　　Z——气体压缩因子。

7.2.4 典型水溶性气藏气井积液风险预测

通过对 FD 气藏积液风险井 F1 井和 F3 井进行预测分析，按照 F1 井和 F3 井目前产量进行生产（$33.23 \times 10^4 m^3/d$、$21.56 \times 10^4 m^3/d$），假定气井最小井口压力为 2MPa，井口温度为 20℃，油管尺寸为 $3\frac{1}{2}$in，临界携液流量为 $2.42 \times 10^4 m^3/d$，数值模拟预测的 F1 井和 F3 井压力与水气比变化关系如图 7.14 和图 7.15 所示。采用建立的预测模型预测 F1 井、F3 井产量随压力和水气比的变化关系见表 7.3。从表 7.3 中可知：地层压力下降到 $20 \sim 25$MPa 时 F1 井积液，水气比约为 $35 m^3/10^4 m^3$，如果不考虑水气比，压力下降到约 2MPa 时气井积液；地层压力下降到 $8 \sim 10$MPa 时 F3 井积液，水气比约为 $10 m^3/10^4 m^3$，如果不考虑水气比，压力下降到约 2 MPa 时气井积液。总的看来，水气比的变化是影响气井积液的主要因素。

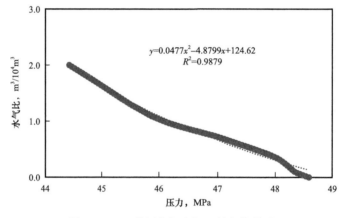

图 7.14 F1 井压力与水气比的变化关系

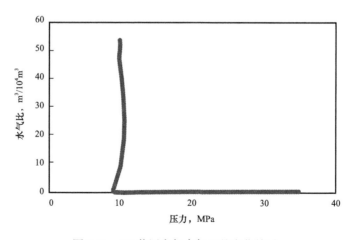

图 7.15 F3 井压力与水气比的变化关系

表 7.3 F1 井、F3 井预测产量随压力和水气比的变化关系表

F1 井				F3 井			
地层压力 MPa	水气比 $m^3/10^4 m^3$	考虑压力变化 产量 $10^4 m^3/d$	考虑压力和水气比 变化产量 $10^4 m^3/d$	地层压力 MPa	水气比 $m^3/10^4 m^3$	考虑压力变化 产量 $10^4 m^3/d$	考虑压力和水 气比变化产量 $10^4 m^3/d$
50	0.0	31.53	31.53	50	0.0	20.46	20.46
44	1.1	30.19	23.69	45	0.0	19.59	19.59
40	5.7	28.69	14.67	40	0.0	18.61	18.61
35	12.3	26.99	9.44	35	0.0	17.51	17.51
33	15.5	26.24	7.85	33	0.0	17.03	17.03
30	21.2	25.03	5.84	30	0.0	16.24	16.24
25	32.4	22.71	3.23	25	0.0	14.73	14.73
20	46.1	19.86	1.34	20	0.0	12.89	12.89
15	62.2	16.20	0	15	0.0	10.51	10.51
10	80.6	11.04	0	12	0.0	8.67	8.67
5	101.4	2.21	0	10	5.0	7.16	3.87
—	—	—	—	8	40	5.32	0.52

8 典型水溶性气藏防水策略研究

FD 气藏为高温高压水溶性气藏，应力敏感作用较强，地层水中水溶气量较大，气藏产水机理有别于常规气藏。因此有必要结合高温高压气藏降压开发过程中储层应力敏感性和水溶气释放等因素，研究气藏的气水变化规律，制定合理的防水策略。本章以实验为基础，建立了考虑应力敏感、凝析水和水溶气的数值模拟模型，通过水溶气释放对气井见水的影响研究，对水溶性气藏衰竭开发过程中的水侵层位及方向进行了研究，并对风险井进行了判别，从而提出了典型水溶性气藏的防水开发策略，包括典型水溶性气藏的井位井型、采气速度、射孔层位和防水堵水措施等提出合理的建议。

8.1 典型水溶性气藏数值模拟模型建立

8.1.1 水溶性气藏地质模型建立

数值模拟所需的三维构造及属性模型是在三维随机建模成果的基础上，对地质建模数据体进行粗化得到。本研究在网格划分上采用角点网格，X 方向共划分 179 个网格，平均网格步长 100m，Y 方向共划分为 244 个网格，平均网格步长为 100m。Z 方向即纵向上，根据砂体和隔夹层分布情况共划分为 82 个模拟层，其中 1～21 层为 Ha 气藏，22～62 层为 Hb 气藏，63～82 为 Hc 气藏。数值模拟模型的总网格数为 3581432（179×244×82）。FD−2 气藏目的层的构造、渗透率和孔隙度等三维模型如图 8.1 至图 8.4 所示。

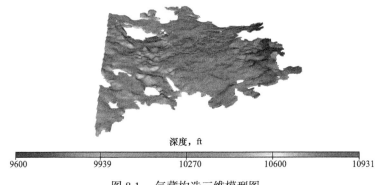

深度，ft

| 9600 | 9939 | 10270 | 10600 | 10931 |

图 8.1　气藏构造三维模型图

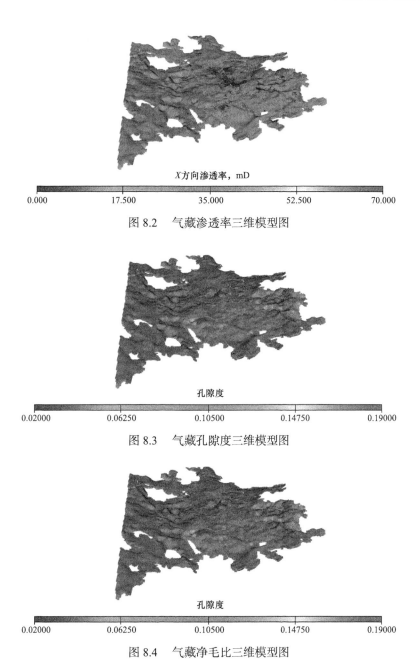

X方向渗透率，mD

| 0.000 | 17.500 | 35.000 | 52.500 | 70.000 |

图 8.2　气藏渗透率三维模型图

孔隙度

| 0.02000 | 0.06250 | 0.10500 | 0.14750 | 0.19000 |

图 8.3　气藏孔隙度三维模型图

孔隙度

| 0.02000 | 0.06250 | 0.10500 | 0.14750 | 0.19000 |

图 8.4　气藏净毛比三维模型图

8.1.2　流体及岩石性质

数值模拟研究所需的流体性质包括气、水的地面性质和地层性质，主要包括气、水的地面密度以及地层条件下的体积系数、压缩系数和黏度。岩石性质主要为岩石的压缩系数。流体及岩石压缩系数是反映流体弹性能量的重要参数。流体黏度是反映流体流动能力的重要参数。数值模拟研究所需的流体及岩石性质均根据该区的实验数据取值见表 8.1 和表 8.2。

表 8.1 气藏流体参数表（153℃）

压力 MPa	相对体积 V_i/V_f	密度 g/cm³	压缩系数 C_o MPa⁻¹	偏差系数 Z	气体体积系数，10^{-3}	气体黏度 mPa·s
52.64	1	0.3348	/	1.1673	3.1825	0.0428
50.04	1.0308	0.3248	0.0121	1.1439	3.2806	0.0409
48.13	1.055	0.3174	0.0125	1.126	3.3576	0.0395
46.06	1.0839	0.3089	0.0135	1.1072	3.4496	0.038
42.02	1.1512	0.2909	0.0164	1.0726	3.6637	0.0351
39.98	1.1913	0.2811	0.0174	1.0562	3.7912	0.0337
36.06	1.2835	0.2609	0.0206	1.0264	4.0847	0.0309
34.01	1.3424	0.2494	0.0227	1.0126	4.2723	0.0295
30.03	1.483	0.2258	0.027	0.9875	4.7197	0.0268
28.17	1.5665	0.2137	0.0306	0.9787	4.9853	0.0255
26.18	1.6693	0.2006	0.0332	0.969	5.3124	0.0243
24.12	1.796	0.1864	0.0372	0.9605	5.7158	0.023
22.07	1.9485	0.1718	0.0419	0.9537	6.2009	0.0218
20.15	2.1257	0.1575	0.0475	0.9499	6.7651	0.0208
18.1	2.3607	0.1418	0.0539	0.9473	7.5128	0.0197
16.02	2.6604	0.1259	0.0613	0.9451	8.4666	0.0187
14.02	3.0423	0.1101	0.0716	0.9455	9.6821	0.0178
12.03	3.5546	0.0942	0.0845	0.9482	11.3123	0.017
10.11	4.2494	0.0788	0.1016	0.9531	13.5236	0.0163
8.44	5.123	0.0654	0.1220	0.9586	16.3037	0.0158

注：V_i/V_f 为 i 级压力下体积与地层压力下体积之比。

表 8.2 气藏基础数据表

原始地层压力，MPa	53.21	标准温度，℃	15
气藏中部深度，m	3148	标准压力，MPa	0.1
岩石压缩系数，MPa⁻¹	5×10^{-4}	Ⅰa/Ⅱb/Ⅱc 气水界面，m	−3184，−3168，−3069
气藏温度，℃	153	原始地质储量，$10^8 m^3$	726.37
气体相对密度	0.75	初始水溶气含量，m³/m³	8.7

8.1.3 相对渗透率曲线

采用非稳态法对 DF13-2-2、DF13-2-6 和 13-2-8d 井的 3 个样品进行测试,测得的实验数据经归一化处理得到数模所需的相对渗透率曲线(图 8.5)。

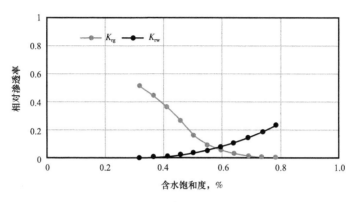

图 8.5 气藏相渗曲线图

8.1.4 模型的初始化

综合相渗曲线、储层物性和气藏压力等参数,采用垂向重力平衡方程计算得出油藏初始含气饱和度场及压力分布场(图 8.6、图 8.7)。

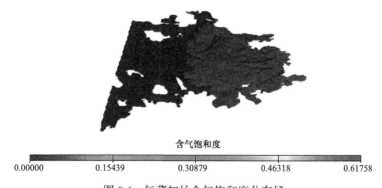

含气饱和度

0.00000   0.15439   0.30879   0.46318   0.61758

图 8.6 气藏初始含气饱和度分布场

8.1.5 水溶性气藏相关实验数据应用

针对高温高压水溶性气藏含有较高的水溶气、存在应力敏感以及测试含有一定凝析水等因素,数值模拟中应主要做如下考虑。

(1)水溶性气藏地层水中水溶气含量:以水溶气溶解度实验为基础,初始溶解度为 $8.7m^3/m^3$,不同压力下水溶气含量如图 8.8 所示。

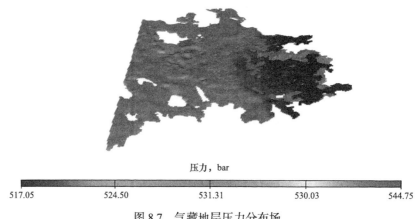

压力，bar

| 517.05 | 524.50 | 531.31 | 530.03 | 544.75 |

图 8.7 气藏地层压力分布场

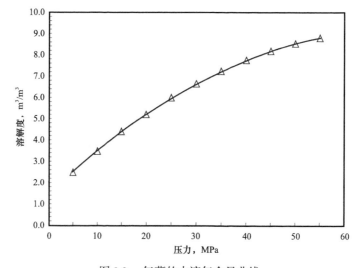

图 8.8 气藏的水溶气含量曲线

（2）应力敏感在数模中应用：以应力敏感实验为基础，确定孔隙体积、传导率随压力变化规律。实验归一化整理后所得应力敏感性见表 8.3。

表 8.3 气藏应力敏感归一整理后的参数表

孔隙压力 MPa	孔隙体积倍数	传导率倍数
5	0.972	0.461
10	0.974	0.554
15	0.975	0.603
20	0.977	0.676
25	0.979	0.708

续表

孔隙压力 MPa	孔隙体积倍数	传导率倍数
30	0.981	0.729
35	0.983	0.832
40	0.986	0.908
45	0.989	0.931
50	0.993	0.986
54	1.000	1.000

（3）凝析水含量的应用：由于实测组分中并未考虑水组分，因此在气组分中添加水组分（实验测得凝析水含量为 $0.11m^3/10^4m^3$），并归一化处理，气藏添加凝析水后组分表见表8.4。以组分的恒质膨胀实验数据为依据，对该气藏的相态进行了拟合（图8.9、图8.10），然后考虑凝析水重新计算 PVT 参数。

表8.4　气藏实验组分与含凝析水组分表

序号	组分	摩尔分数	
1	H_2O	—	1.35
2	CO_2	3.91	3.86
3	N_2	4.53	4.47
4	C_1	88.6	87.40
5	C_2	1.62	1.60
6	C_3	0.78	0.77
7	iC_4	0.18	0.18
8	nC_4	0.16	0.16
9	iC_5	0.07	0.07
10	nC_5	0.04	0.04
11	C_{6+}	0.11	0.11

在拟合好实验的基础上，由于实验没有考虑凝析水含量，因此针对实验所测的凝析水含量，将凝析水含量引入到组分当中去（$11g/m^3$），采用等比例减小归一化处理获得新的组分，并通过计算获得该气藏的最终相图和相关 PVT 数据，如图8.11和图8.12所示。并将计算的 PVT 结果带入到气藏当中去，建立含凝析水的数值模拟模型。

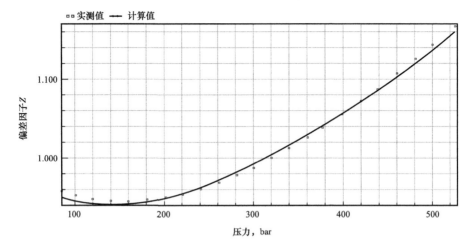

图 8.9　气藏偏差因子拟合图版

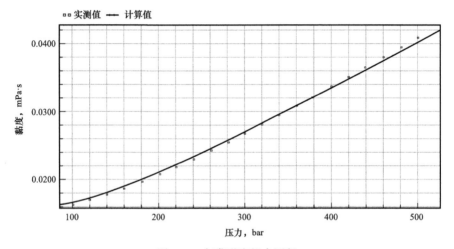

图 8.10　气藏黏度拟合图版

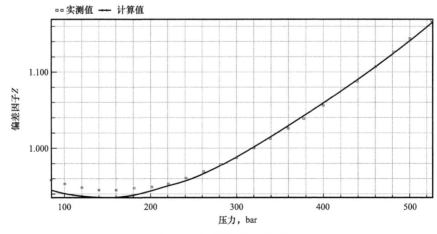

图 8.11　气藏偏差因子图版

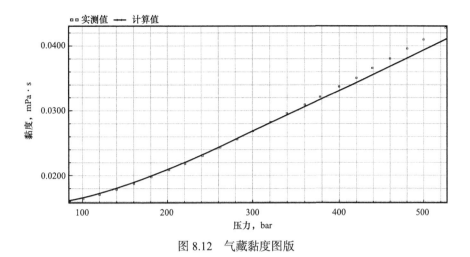

图 8.12　气藏黏度图版

（4）气藏其他参数：数值模拟研究所需的流体性质包括气、水的地面性质和地层性质，以气藏真实的参数为准，基础参数见表 8.5。

表 8.5　气藏基础数据表

参数	数值	参数	数值
原始地层压力，MPa	53.21	初始水溶气含量，m^3/m^3	8.7
岩石压缩系数，MPa^{-1}	5×10^{-4}	Ha/Hb/Hc 气水界面，m	−3184，−3168，−3069
气藏温度，℃	153	原始地质储量，10^8m^3	726.37

8.2　典型水溶性气藏水侵规律研究

8.2.1　气藏整体开发方案预测

水溶性气藏在生产过程中将会见水，为了有效合理的开发，有必要针对目前的生产情况对井位和井型进行优化设计，以达到防水和合理开发的目的。以典型水溶性气藏 ODP 方案为基础，并结合气藏的储层展布情况，对井位和井型进行设置。井的部署主要采用不均匀布井的方式，主要考虑尽可能控制整个气藏且在气藏高部位处。根据气藏的整体开发方案，采用"整体部署，分步实施"的开发策略。同时考虑直井主要控制多层位，水平井控制单层位，根据气藏的储层展布特征，初期开发部署 15 口井，总共 8 口水平井，7 口定向井（图 8.13 至图 8.16），并根据气井初步预测的无阻流量和配产的需要，以采气速度 4% 进行配产，配产 $753 \times 10^4m^3/d$，单井在一定产能限制的基础上优化配产，对典型水溶性气藏模拟开发 20 年。井的打开程度主要考虑气藏的储层物性，直井打开层位避开水层，水平井井打开层位为较好的储层，水平井段长度在 600～800m，具体各模拟层层位见表 8.6。

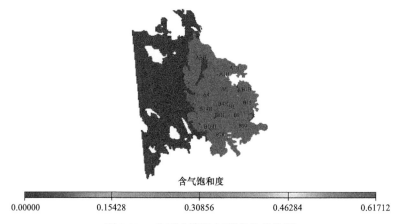

含气饱和度

0.00000   0.15428   0.30856   0.46284   0.61712

图 8.13　典型水溶性气藏布井井位图

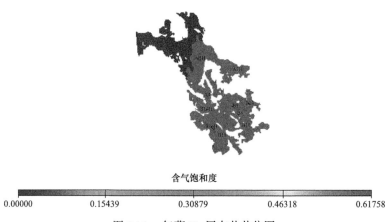

含气饱和度

0.00000   0.15439   0.30879   0.46318   0.61758

图 8.14　气藏 Ha 层布井井位图

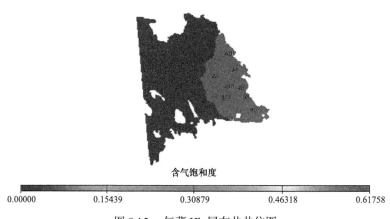

含气饱和度

0.00000   0.15439   0.30879   0.46318   0.61758

图 8.15　气藏 Hb 层布井井位图

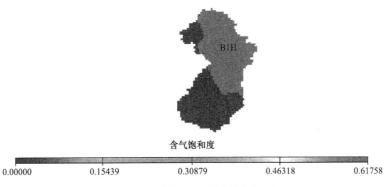

图 8.16　气藏 Hc 层布井井位图

表 8.6　气藏单井产量配产表

序号	井号	生产层位	模拟层	厚度 m	无阻流量 $10^4m^3/d$	配产 $10^4m^3/d$
1	A1H	Hb	27	30.0	466.4	40.13
2	A4	Ha/Hb	1–20/22–36	18	579.6	46.34
3	A6	Ha/Hb	1–20/22–53	30	966	79.65
4	A8H	Ha	3	15	833.175	36.41
5	A7H	Ha	2	18	474.7	44.66
6	B1H	Hc	67	23	320.2	32.00
7	B4H	Hb	24	50	777.4	48.87
8	B5	Ha/Hb	1–20/22–61	81	1138.8	113.50
9	B6H	Hb	27	22	342.1	34.24
10	B8	Ha/Hb	1–20/22–61	61	537.7	53.77
11	B10	Ha/Hb	1–20/22–61	36	368.1	36.81
12	B13	Ha	1–20	47	1212.5	104.26
13	B14H	Ha	2	8	474.7	13.92
14	B16H	Ha	2	12	712	34.41
15	B18	Ha/Hb	1–20/22–52	47	338.2	33.86
合计						753

将井位和井型的部署方案进行 20 年模拟预测，预测结果见表 8.7 和图 8.17，从图表中得到：

（1）模拟开发 20 年，气藏累计产量为 $474.67 \times 10^8m^3$，采出程度为 65.38%，取得较好的效果；

（2）模拟预测 20 年后，气藏日产气量为 $231.85.02 \times 10^4m^3$，地层压力为 14.15MPa，后期还具有一定的产能；

表 8.7 气藏模拟开发 20 年预测表

累计产气 10^8m^3	累计产水 10^4m^3	预测期末压力 MPa	预测期末产量 $10^4m^3/d$	稳产年 a	预测期末水气比 $m^3/10^4m^3$	采出程度 %
474.67	292.91	14.15	231.85	12.36	2.97	65.38

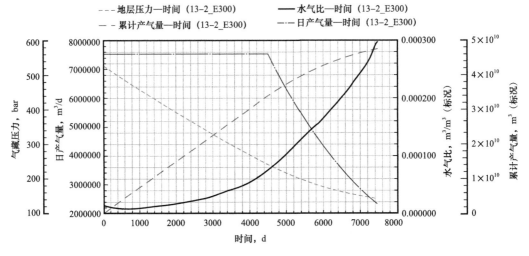

图 8.17 气藏采气曲线预测图

（3）气藏具有一定的稳产时间，稳产时间为 12.36a；

（4）预测期间，气藏的水气比持续上升，离水体越近的井上升会更快，期末整个气藏水气比为 2.97m³/10⁴m³，因此在水溶性气藏的开发中，需制定一定的防水策略，提高气藏开发效果。

8.2.2 水溶气释放对气井见水时间影响研究

典型水溶性气藏考虑溶解度 8.7m³/m³ 和 0 行水溶气释放对气井见水时间的影响研究，以整体开发方案为依据模拟开发 20 年，有无水溶气情况下的气井见水时间见表 8.8，单井见水变化、气藏见水剖面以及生产情况对比如图 8.18 至图 8.28 所示。从图表中可以看出：

（1）考虑水溶气时气井见水时间较早；预测有和无水溶气气井见水时间相差大于 320d。

（2）平面上，有水溶气时边水推进相对较快；Ha 层位由于水体较小基本一致，在 B6H 井见水时，Hb 层位边水推进快 200m。

（3）纵向上，有水溶气时，气水界面上升相对较快。Hb 层有水溶气气水界面上升高度大于无水溶气气水界面上升高度 3m。

表 8.8 气藏不同溶解度见水井见水时间表

气藏	井号	见水时间，d	
		$R_s=8.7$	$R_s=0$
FD	A1H	4930	5760
	A4	1830	2150
	A6	5840	未见水
	A8H	2210	2700
	B1H	1610	2110
	B6H	3750	4780

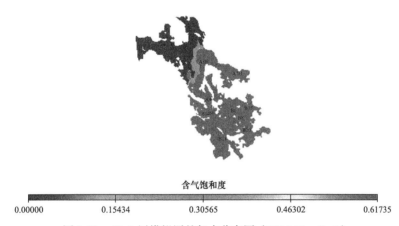

含气饱和度

| 0.00000 | 0.15434 | 0.30565 | 0.46302 | 0.61735 |

图 8.18 Ha 3 层模拟层的气水分布图（2026.10，$R_s=0$）

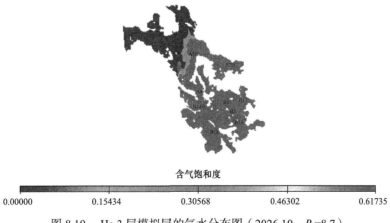

含气饱和度

| 0.00000 | 0.15434 | 0.30568 | 0.46302 | 0.61735 |

图 8.19 Ha 3 层模拟层的气水分布图（2026.10，$R_s=8.7$）

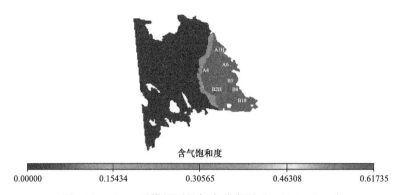

图 8.20　Hb 27 层模拟层的气水分布图（2029.3，R_s=0）

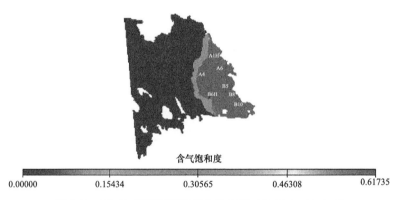

图 8.21　Hb 27 层模拟层的气水分布图（2029.3，R_s=8.7）

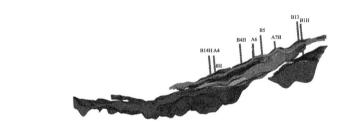

图 8.22　气藏气水分布纵向分布剖面图（2039.4，R_s=0）

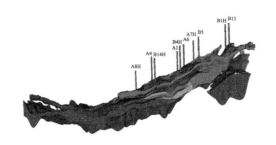

含气饱和度

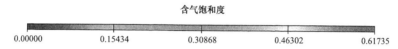

图 8.23　气藏气水分布纵向分布剖面图（2039.4，R_s=8.7）

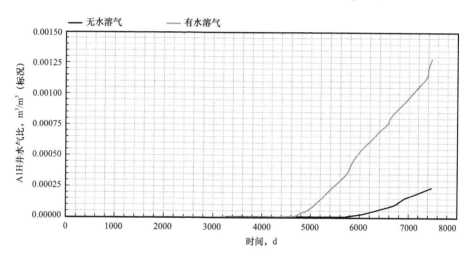

图 8.24　A1H 井有无水溶气时水气比预测对比图

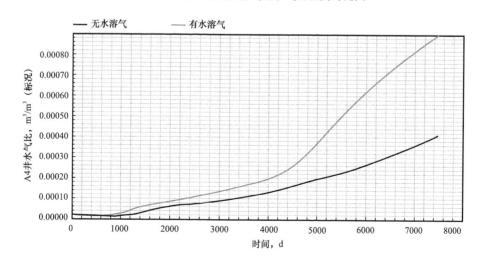

图 8.25　A4 井有无水溶气时水气比预测对比图

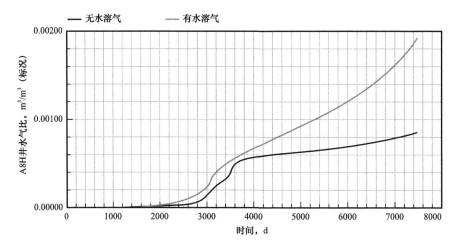

图 8.26　A8H 井有无水溶气时水气比预测对比图

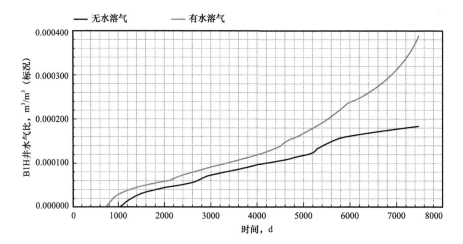

图 8.27　B1H 井有无水溶气时水气比预测对比图

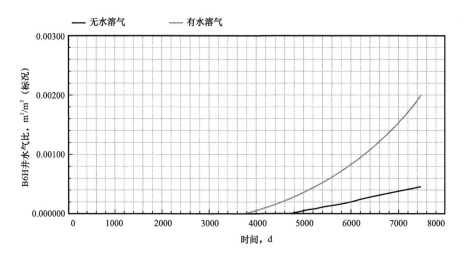

图 8.28　B6H 井有无水溶气时水气比预测对比图

8.2.3　气藏水侵层位及水侵方向追踪

模拟开发的 20 年，针对水溶性气藏中水侵入的层位和方向进行了统计。模拟过程中水侵入的方向如图 8.29 至图 8.33 所示，从图表中可以看出：

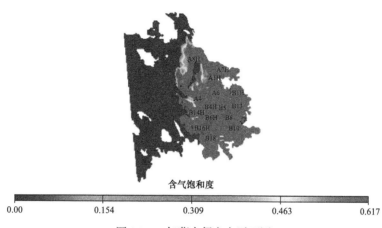

图 8.29　气藏水侵方向平面图

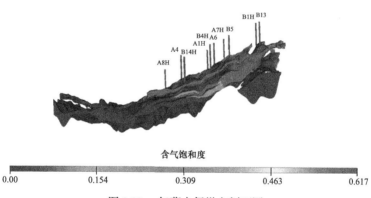

图 8.30　气藏水侵纵向剖面图

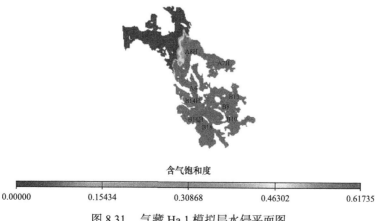

图 8.31　气藏 Ha1 模拟层水侵平面图

图 8.32　气藏 Hb 27 模拟层水侵平面图

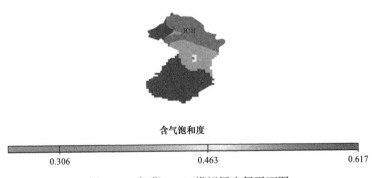

图 8.33　气藏 Hc 66 模拟层水侵平面图

（1）气藏总体表现为边水从西向东的横向水侵；

（2）Ha 层位整体表现为从西向东横向水侵；

（3）Hb 层位整体表现为从西向东的横向水侵，存在突进；

（4）Hc 层位整体表现为从南北两端往中间水侵模式。

模拟开发的 20 年，气井见水层位与时间统计见表 8.9。可以看出：

（1）气藏在模拟开发过程中，整体上 Hb 层位见水较快，见水井数较多。

（2）Ha 层位见水井：A8H；Hc 层位见水井：B1H。

（3）Hb 层位见水较早，见水井：B18、A4、B6H、A1H、A6，B18 井底部位于气水界面边缘上。

（4）模拟开发 20 年，A7H 井、B4H 井、B5 井、B8 井、B10 井、B13 井、B14H 井、B16H 井都未见水，有较好的开发效果。

总的看来，在 FD 气藏模拟开采 20 年过程中，B18 井见水时间最早，其次为 A4 井、A8H 井、B1H 井、B6H 井、A1H 井、A6 井。因此在开发过程中应早关注这些井的动态变化情况，并及早做好防水措施。

8.2.4　气藏水淹风险井判别与分析

通过对气藏水侵层位的追踪和模拟过程中的见水预测，可得：Hb 层位见水较快，并数较多。按照整体的开发方案，开采约两月后 B18 井首先在 Hb 层位见水；开采约 5 年后，A4、A8H、B1H 井分别在 Hb、Ha、Hc 层位见水；开采 10 年后，B6H、A1H、A6 井相继在 Hb 层位见水；整个模拟开发 10 年中，A7H、B4H、B5、B8、B10、B13、B14H、B16H 井都未见水有较好的开发效果。

因此认为，气藏水淹风险井为 B18、A4、A8H、B1H、B6H、A1H、A6 井，其中 B18 井的 Hb 层位底部见水较早，主要在于底部在气水边缘地带，A4、A8H、B1H 井在生产约 5 年后开始见水，调整时可以增加避射高度，因此，须尽早制定和实施相关防水策略。而 B6H、A1H、A6 井的 Hb 层位模拟后期开始见水，在生产过程中随时注意监测，以防止过早见水，适时采取防水策略。

表 8.9 气藏预测气井见水时间表

层位	模拟层	A1H 井	A4 井	A6 井	A8H 井	B1H 井	B6H 井	B18 井
Ha	1–2	—	—	—	—	—	—	—
	3	—	—	—	2026.10	—	—	—
	4–21	—	—	—	—	—	—	—
Hb	22	—	2033.04	—	—	—	—	2029.01
	23	—	2032.02	—	—	—	—	2026.09
	24	—	—	—	—	—	—	2021.10
	25	—	—	—	—	—	—	2020.08
	26	—	2031.05	—	—	—	—	2019.10
	27	2032.05	2030.06	—	—	—	2029.03	2019.04
	28	—	—	—	—	—	—	2019.04
	29	—	—	—	—	—	—	2019.04
	30	—	—	—	—	—	—	2019.04
	31	—	2024.01	—	—	—	—	2019.04
	32	—	2024.01	—	—	—	—	2019.04
	33	—	2024.01	—	—	—	—	2019.04
	34	—	2024.01	—	—	—	—	2019.04
	35	—	2024.01	—	—	—	—	2019.04
	36	—	—	—	—	—	—	2019.04
	37	—	—	—	—	—	—	2019.04
	38	—	—	—	—	—	—	2019.04

层位	模拟层	A1H 井	A4 井	A6 井	A8H 井	B1H 井	B6H 井	B18 井
Hb	39	—	—	—	—	—	—	2019.04
	40	—	—	—	—	—	—	2019.04
	41	—	—	—	—	—	—	2019.04
	42	—	—	—	—	—	—	2019.04
	43	—	—	—	—	—	—	2019.04
	44	—	—	2036.12	—	—	—	2019.04
	45	—	—	2035.12	—	—	—	2019.04
	46	—	—	2035.12	—	—	—	2019.04
	47	—	—	2035.12	—	—	—	2019.04
	48	—	—	2035.12	—	—	—	2019.04
	49	—	—	2035.12	—	—	—	2019.04
	50	—	—	2035.02	—	—	—	2019.04
	51	—	—	2035.02	—	—	—	2019.02
	52	—	—	2035.02	—	—	—	2019.02
	53–62	—	—	—	—	—	—	—
Hc	63–66	—	—	—	—	—	—	—
	67	—	—	—	—	2023.05	—	—
	68–82	—	—	—	—	—	—	—

8.3 典型水溶性气藏防水策略研究

对于水溶性气藏的开发，水侵不可避免，找到有效延缓水侵入速度和推迟气井见水时间是合理开发该类气藏关键，因此有效地制定合理的开发策略势在必行，本书根据气藏的采气速度、井位和井型、射孔层位和堵水优化进行研究与预测，提出合理的开发策略。

8.3.1 气藏采气速度优化研究

整体方案模拟预测已经表明，典型水溶性气藏在生产过程中将会见水，为防止边底水的继续入侵，使气藏达到均匀开采的目的，从而延缓气井的见水时间，防水和控水十分必要，合理的采气速度与优化配产是重要的手段。在前面设置井网的基础上进行采气速度的方案设计，具体方案设计见表 8.10。

表 8.10　气藏采速优化方案及预测结果表

方案号	方案一	方案二	方案三
采气速度，%	3	4	5
日产气，10^4m^3	565	753	941
累计产气，10^8m^3	411.03	474.67	493.78
累计产水，10^4m^3	193.76	292.91	354.84
稳产时间，a	16.35	12.36	8.74
预测期末压力，MPa	18.85	14.15	12.77
预测期末产量，$10^4m^3/d$	393.4	231.85	159.85
采出程度，%	56.62	65.38	68.01

　　通过对气藏采气速度方案模拟 20 年进行预测，预测结果如图 8.34 至图 8.38 所示，从图中可得：

　　（1）预测期末，采气速度越低累计产气量越小，累计产水量越小，稳产时间越长。

　　（2）累计产量上升幅度，采气速度为 4% 时高于采气速度为 5% 的方案。采气速度从 3% 上升到 4%，累计产气量上升 $63.64 \times 10^8m^3$，上升幅度为 15.5%；采气速度从 4% 上升到 5%，累计产气量上升 $19.11 \times 10^8m^3$，上升幅度为 4%。

　　（3）为满足方案配产和一定的稳产年限，建议采用采气速度为 4% 为宜。预测结果为累计产气 $474.67 \times 10^8m^3$，预测期末产量为 $231.85 \times 10^4m^3/d$，采出程度 65.38%，累计产水 $292.91 \times 10^4m^3$。

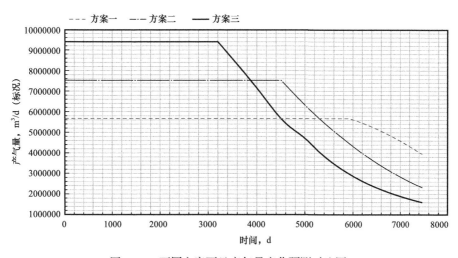

图 8.34　不同方案下日产气量变化预测对比图

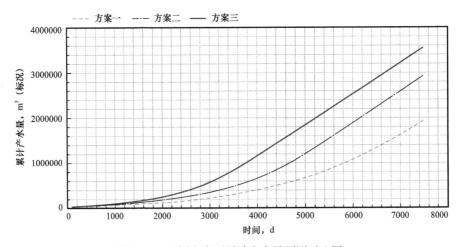

图 8.35　不同方案下累计产水量预测对比图

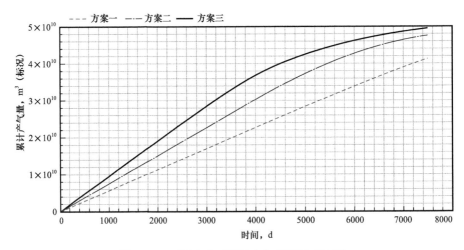

图 8.36　不同方案下累计产气量预测对比图

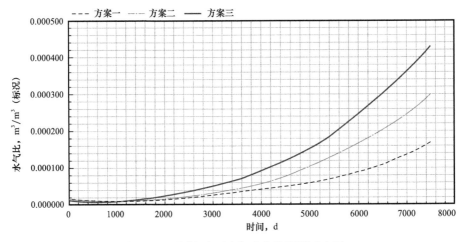

图 8.37　不同方案下水气比变化预测对比图

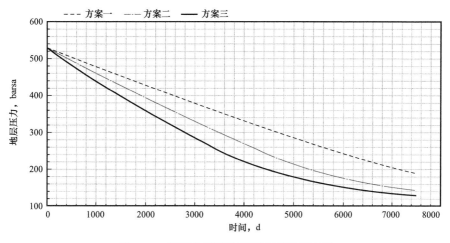

图 8.38　不同方案下地层压力预测对比图

8.3.2　气藏井位和射孔优化研究

通过对水侵层位的研究，表明部分井的部分层位存在早期见水。根据实际情况，在采气速度为 4%、日产气量为 $753 \times 10^4 \mathrm{m}^3$ 的基础上，对气井的井位和射孔进行调整。井位和射孔层位的调整见表 8.11 和图 8.39，具体调整如下。

表 8.11　气藏层位和井位调整方案表

序号	井号	生产层位	射孔模拟小层	早期见水层位	优化射孔模拟小层	优化井位置	合理产量 $10^4\mathrm{m}^3/\mathrm{d}$
1	A1H	Hb	27	水平段	27	井位和水平段方向	41.44
2	A4	Ha/Hb	1–20/22–36	31–34	1–20/22–30	—	37.40
3	A6	Ha/Hb	1–20/22–53	—	—	—	78.03
4	A8H	Ha	3	水平段	2	井位和水平段方向	51.20
5	A7H	Ha	2	—	—	—	44.21
6	B1H	Hc	67	水平段	65	井位和水平段方向	32.05
7	B4H	Hb	24	—	—	—	48.03
8	B5	Ha/Hb	1–20/22–61	—	—	—	113.50
9	B6H	Hb	27	水平段	27	井位和水平段方向	34.24
10	B8	Ha/Hb	1–20/22–61	—	—	—	53.82
11	B10	Ha/Hb	1–20/22–61	—	—	—	36.83

续表

序号	井号	生产层位	射孔模拟小层	早期见水层位	优化射孔模拟小层	优化井位置	合理产量 $10^4m^3/d$
12	B13	Ha	1–20	—	—	—	102.36
13	B14H	Ha	2	—	—	—	13.41
14	B16H	Ha	2	—	—	—	32.49
15	B18	Ha/Hb	1–20/22–52	51–52	1–20/22–23	—	33.84

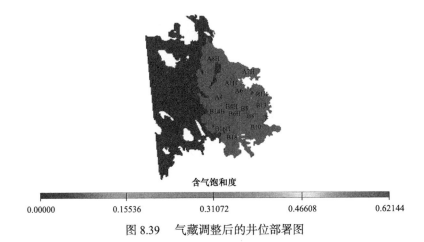

含气饱和度

| 0.00000 | 0.15536 | 0.31072 | 0.46608 | 0.62144 |

图 8.39 气藏调整后的井位部署图

（1）水平井 A1H、B6H 井水平井段见水，应改变水平段方向，水平段与水体平行，延缓见水时间。

（2）水平井 A8H、B1H 井水平井段见水，应改变水平段方向，水平段与水体平行或背离水体方向，延缓见水时间，水平段层位也进行相应调整。

（3）A4 井 31–34 模拟层见水时间较早，射孔层位应该往上移，变为 Ha 和 Hb 的 1–20/22–30 层。

（4）B18 井 51–52 模拟层接近气水界面导致见水时间较早，B18 井射孔层位往上移，将射孔孔段 1–20/22–52 模拟层，变为 Ha 和 Hb 的 1–20/22–23 层。

（5）见水时间较长井和未见水的井保持原方案进行。

将井位和层位调整方案进行 20 年模拟预测，预测结果见表 8.12、表 8.13 和图 8.40 至图 8.49，从该图表中得到：

（1）预测期末，采出程度为 66.08%，气藏累计产气量为 $479.77 \times 10^8 m^3$，比调整前多产气 $5.1 \times 10^8 m^3$；

（2）累计少产水 $161.54 \times 10^4 m^3$，取得较好的防水效果；

（3）气藏稳产时间延长了约 70d，见水时间也有所延长，最大为 3586d；

（4）调整井位和射孔层位起到较好的防水效果。

表 8.12　气藏模拟开发 20 年预测对比表

方案	累计产气 10⁸m³	累计产水 10⁴m³	预测期末压力 MPa	预测期末产量 10⁴m³/d	稳产时间 a	采出程度 %
调整前	474.67	292.91	14.15	231.85	12.36	65.38
调整后	479.77	131.37	13.89	230.86	12.55	66.08

表 8.13　调整井位方案单井见水时间对比表

方案	见水时间，d						
	A1H	A4	A6	A8H	B1H	B6H	B18
调整前	4930	1830	5840	2210	1610	3750	60
调整后	5340	5190	6070	3170	5190	6470	3140
差值	410	3360	230	960	3586	2720	3080

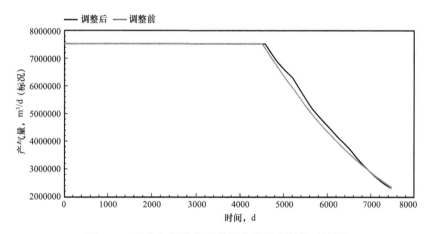

图 8.40　井位与射孔调整前后方案日产气量对比图

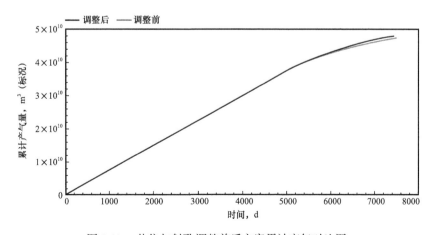

图 8.41　井位与射孔调整前后方案累计产气对比图

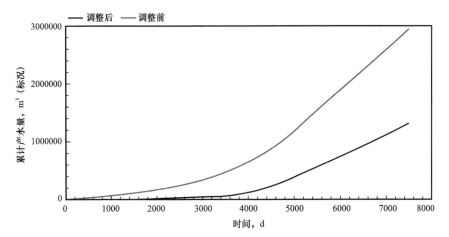

图 8.42　井位与射孔调整前后方案累计产水对比图

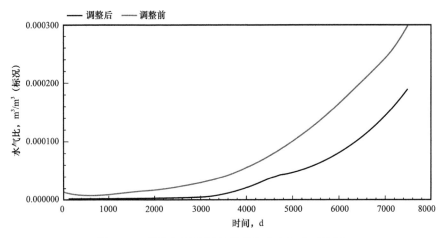

图 8.43　井位与射孔调整前后方案水气比对比图

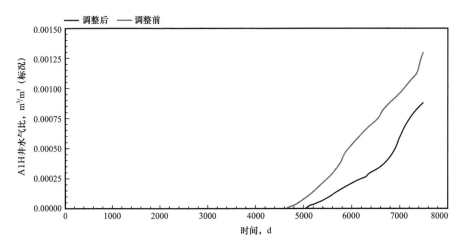

图 8.44　A1H 井调整前后方案水气比对比图

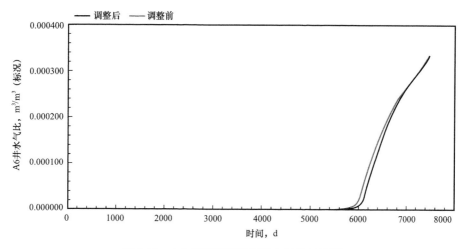

图 8.45　A6 井调整前后方案水气比对比图

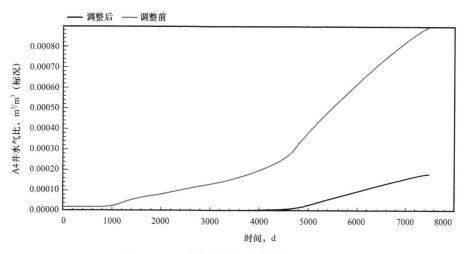

图 8.46　A4 井调整前后方案水气比对比图

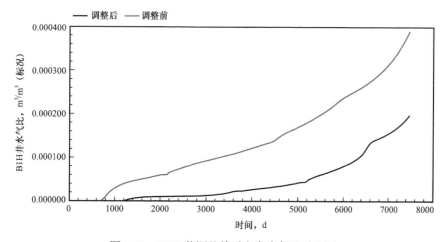

图 8.47　B1H 井调整前后方案水气比对比图

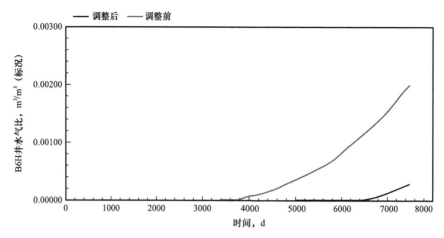

图 8.48   B6H 井调整前后方案水气比对比图

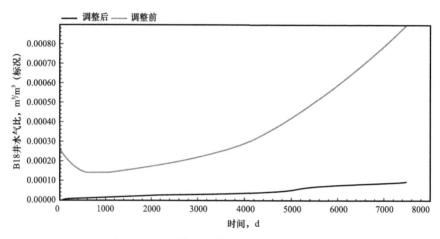

图 8.49   B18 井调整前后方案水气比对比图

8.3.3   气藏堵水方案优化研究

通过对气藏水侵层位的跟踪表明，部分井的部分层位存在后期见水的现象，在井位和射孔优化方案的基础上，对见水气井进行堵水。前面方案预测的结果表明，B18、A4、A8H、B1H、B6H、A1H、A6 井生产 8 年后见水，将进行部分层位堵水，方案见表 8.14。将调整方案进行 20 年模拟预测，预测结果见表 8.15、表 8.16 和图 8.50 至图 8.53，从该图表中得到：

（1）预测期末，气藏累计产量为 $473.44 \times 10^8 m^3$，采出程度为 65.21%，累计产量略低于堵水前方案，原因主要在于产层减少；

（2）与基础方案相比，累计少产水 $44.43 \times 10^4 m^3$，堵水起到防水作用；

（3）稳产时间缩短了 30d，见水时间均有所延长。

表 8.14　气藏堵水方案表

井号	射孔模拟层位	先见水模拟层位	堵水层位	堵水时间
A8H	2	2	水平段趾部	2027.7
A1H	27	27	水平段趾部	2033.7
A4	1–20/22–30	22–30	22–30	2033.5
A6	1–20/22–53	44–53	44–53	2035.7
B6H	27	27	水平段趾部	2036.8
B1H	65	65	水平段趾部	2033.5
B18	1–20/22–23	22–23	22–23	2027.7

表 8.15　气藏模拟开发 20 年预测对比表

方案	累计产气 $10^8 m^3$	累计产水 $10^4 m^3$	稳产时间 d	采出程度（地质储量） %
基础方案	479.77	131.37	12.55	66.08
堵水方案	473.44	86.94	12.48	65.21
差值	6.33	44.43	0.07	0.87

表 8.16　堵水方案单井见水时间对比表

方案	见水时间, d						
	A1H	A4	A6	A8H	B1H	B6H	B18
堵水前	5340	5190	6070	3170	5190	6470	3140
堵水后	5380	未见水	未见水	3300	5270	6580	未见水
差值	40	—	—	130	80	110	—

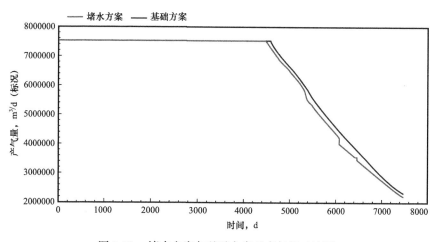

图 8.50　堵水方案与基础方案日产气量对比图

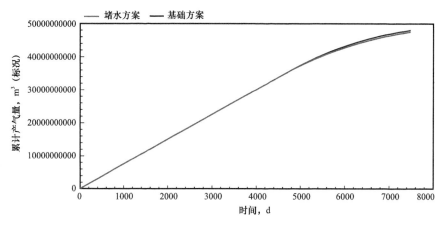

图 8.51　堵水方案与基础方案累计产气对比图

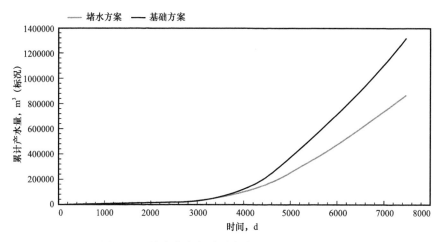

图 8.52　堵水方案与基础方案累计产水对比图

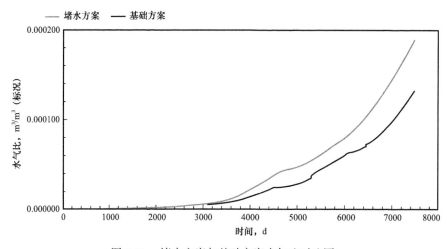

图 8.53　堵水方案与基础方案水气比对比图

参 考 文 献

[1] 周国晓，秦胜飞，侯曦华，等.四川盆地安岳气田龙王庙组气藏天然气有水溶气贡献的迹象[J].天然气地球科学，2016，27（12）：2193–2199.

[2] 马剑，黄志龙，李绪深，等.莺歌海盆地DF区高温高压带高含水及低含气饱和度天然气藏成因分析[J].中国石油大学学报（自然科学版），2015，39（5）：43–49.

[3] 范泓澈，黄志龙，袁剑，等.富甲烷天然气溶解实验及水溶气析离成藏特征[J].吉林大学学报（地球科学版），2011，41（4）：1033–1039.

[4] TIAN X，CHENG L，CAO R，et al. A new approach to calculate permeability stress sensitivity in tight sandstone oil reservoirs considering micro–pore–throat structure[J]. Journal of Petroleum Science & Engineering，2015，133：576–588.

[5] ZENG Fanhua，ZHAO Gang. Gas well production analysis with non–Darcy flow and real–gas PVT behavior[J].Journal of Petroleum Science and Engineering，2007，59（3）：169–182.

[6] HUANG Xiaoliang，QI Zhilin，LEI Dengsheng，et al.Research the degree damage of reverse imbitions to low permeability water flooding gas reservoir，1st International Conference on Energy and Environmental Protection，ICEEP 2012，1203–1208，Hohhot，China，2012.6.23–2012.6.24.

[7] 谢玉洪，黄保家.南海莺歌海盆地东方13–1高温高压气田特征与成藏机理[J].中国科学（地球科学），2014，44（8）：1731–1739.

[8] Wieland G，Fisher K. Water determination by Karl Fischer titrarion：Theory and applications[M].Git Verlang，1987.

[9] 杨芳，石晓松.吸收称量法测定天然气中的水含量[J].化学研究与应用，2008，20（5）：652–655.

[10] RUSHING J A，NEWSHAM K E，VAN Fraassen K C，et al. the catalytic effects of nonhydrocarbon contaminants on equilibrium water vapor content for a dry gas at HP/HT reservoir conditions[C]. SPE 114517–MS，2008.

[11] TABASINEJAD F，MOORE R G，MEHTA S A，et al. Density of high pressure and temperature gas reservoirs：effect of non–hydrocarbon contaminants on density of natural gas mixtures[C]. SPE 133595–MS，2010.

[12] SEO M D，KANG J W，LEE C S. Water solubilility measurements of the CO_2 rich liguid phase in eauilibrium with gas hydrates using an indirect method[J]，Journal of Chemical & Engineering Data，2011，56（5）：2626–2629.

[13] CHAPOY A，HAGHIGHI H，BURGASS R，et al. On the phase behaviour of the（carbon dioxide+water）systems at low temperatures：Experimental and modeling[J].Journal of Chemical Thermodynamics，2012，47：6–12.

[14] KIM S，KIM Y，PARK B H，et al. Measurement and correlation of solubility of water in carbon dioxide–rich phase[J].Fluid Phase Equilibria，2012，328：9–12.

[15] ZHANG L，BURGASS R，CHAPOY A，et al. Measurement and Modeling of Water Content in

Low Temperature Hydrate–Methane and Hydrate–Natural Gas Systems ［J］. Journal of Chemical & Engineering Data, 2011, 56（6）: 2932–2935.

［16］SPRINGER R D, WANG Z M, ANDERKO A, et al. A thermodynamic model for predicting mineral reactivity in supercritical carbon dioxide : I. Phase behavior of carbon dioxide–water–chloride salt systems across the H_2O–rich to the CO_2–rich regions ［J］. Chemical Geology, 2012, 322: 151–171.

［17］WANG Z M, FELMY A R, THOMPSON C J, et al. Near–infrared spectroscopic investigation of water in super critical CO_2 and the effect of CaCl ［J］. Fluid Phase Equilib, 2013, 338: 155–163.

［18］王俊奇. 天然气含水量计算的简单方法 ［J］. 石油与天然气化工, 1994, 23（3）: 192–193.

［19］CARROLL J J. Natural gas hydrates : A guide for engineers ［M］. New York : Gulf Professional Publishing, 2003.

［20］BXIKACEK R F. Equilibrium moisture content of natural gases ［M］. New York : Institute of Gas Technology, 1959.

［21］SLOAN E D. Clathrate hydrates of natural gases ［M］. New York : Marcel Dekker Inc, 1998.

［22］KHALED A A. A prediction of water content in sour natural gas ［D］. Saudi Arabia : KingSaud University, 2007.

［23］宁英男, 张海燕, 周贵江. 天然气含水量数学模拟与程序 ［J］. 石油与天然气化工, 1999, 29（2）: 75–77.

［24］BAHADORI A, VUTHALURU H B, MOKHATEB S. Rapid estimation of water content of sournature gases ［J］. Journal of the Japan Petroleum Institute, 2009, 52（5）: 270–274.

［25］诸林, 白剑, 王治红. 天然气含水量的公式化计算方法 ［J］. 天然气工业, 2003, 23（3）: 118–120.

［26］BEHR W R. Correlation eases a bsorber equilibrium line calculation for TEG–natural gas hedydration ［J］. Oil Gas Journal, 1983, 81（15）: 96–98.

［27］KAZIM F M A, Quickly calculate the water content of natviral gas ［J］. Hydrocarbon Processing, 1996, 75（3）: 105–108.

［28］MCKETTA J J, Katz D L. Methane–n–butane–water system in two–and three–phase regions ［J］. Industrial & Engineering Chemistry Research, 1948, 40（5）: 853–863.

［29］KATZ. Handbook of natural gas engineering ［M］. McGraw–Hill, 1959.

［30］诸林, 范峻铭, 诸佳. 常规天然气含水量的公式化计算方法及其适应性分析 ［J］. 天然气工业, 2014, 34（36）: 117–122.

［31］TAKEUCHI T, NAKANO H, UEHARA T, et al. Effect of dissolved gas on mechanical property of sheath material of mineral insulated cables under high temperature and pressure water ［J］. Nuclear Materials and Energy, 2016, 9: 451–454.

［32］SHEN X., LIU S., LI R., et al. Experimental study on the impact of temperature on the dissipation process of supersaturated total dissolved gas ［J］, Journal of Environmental Sciences, 2014, 26（9）, 1874–1878.

［33］WANG F, THREATT T J, VARGAS F M. Determination of solubility parameters from density measurements for non–polar hydrocarbons at temperatures from（298–433）K and pressures up to 137 MPa［J］. Fluid Phase Equilibria, 2016, 430：19–32.

［34］WIMALARATNE M R, YAPA P D, NAKATA K, et al. Transport of dissolved gas and its ecological impact after a gas release from deepwater［J］. Marine Pollution Bulletin, 2015, 100（1）, 279–288.

［35］BELL R A, DARLING W G, WARD R S, et al. A baseline survey of dissolved methane in aquifers of Great Britain［J］. Science of the Total Environment, 2017, 601–602, 1803–1813.

［36］DUAN Z H, MAO S D. A thermodynamic model for calculating methane solubility, density and gas phase composition of methane bearing aqueous fluids from 273 to 523 K and from 1 to 2000 bar［J］. Geochimica et Cosmochim ica Acta, 2006, 70: 3369–3386.

［37］郝石生, 张振英 . 天然气在地层水中的溶解度变化特征及地质意义［J］. 石油学报, 1993, 14（2）: 12–22.

［38］COLLINS A. Properties of Produced Waters［M］.Society of Petroleum Engineers, 1987.

［39］CARROLL J J, MATHER A E, A model for the solubility of light hydrocarbons in water and aqueous solutions of alkanolamines［J］. Chemical Engineering Science, 1997 52（4）: 545–552.

［40］SCHARLIN R, BATTINO R, SILLAE. E, et al. Solubility of gases in water : Correlation between solubility and the number of water molecules in the first solvation shell［J］. Pure&Applied Chemistry, 1998, 70（10）: 1895–1904.

［41］KIEPE J, HORSTMANN S, FISCHER K, et al. Experimental determination and prediction of gas solutions containing different monovalent electrolytes［J］. Industrial&Engineering Chemistry Reseatch, 2003, 42（21）: 5392–5398.

［42］CHAPOY A, MOHAXNAMDI A H, RICHON D, et al. Gas solubility measurement and modeling for methane–water and methane–ethane–n–butane–water systems at low temperature conditions［J］. Fluid Phase Equillibria, 2004, 220（1）: 111–119.

［43］SPIVEY J P, MCCAIN W D, NORTH R, Estimating density, formation volume factor, compressibility, methane solubility, and viscosity for oilfield brines at tempreatures from 0 to 275℃, pressures to 200 MPa, and salinitites to 5.7 mole/kg［J］. Journal of Canadian Petroleum Technology, 2004, 43（7）: 52–60.

［44］Duan Z H , Mao S D. A the rmodynamic model for calculating methane solubility, density and gas phase composition of methane–bearing aqueous fluids from 273 to 523K and from 1 to 2000 bar［J］. Geochimica et Cosmochinica Acta, 2006, 70（13）: 3369–3386.

［45］Li J, Wei L, Li X.An improved cubic model for the mutual solubilities of CO_2–CH_4–H_2S–brine systems to high temperature, pressure and salinity［J］. Applied Geochemistry, 2015, 54: 1–12.

［46］Sultanov R G, Skripka V G, Namiot A Y. Solubility of methane in water at high temperatures and pressures［J］. American Association of Petroleum Geolog–ists Bull, 1972, 17（6）: 6–7.

［47］Böttger A，Álvaro Pérez-Salado Kamps，Maurer G. An experimental investigation on the solubility of methane in 1-octanol and n-dodecane at ambient tem-peratures［J］. Fluid Phase Equilibria，2016，427：566-574.

［48］高军，郑大庆，郭天民. 高温高压下甲烷在碳酸氢钠溶液中溶解度测定及模型计算［J］. 高校化学工程学报，1996，10（4）：9-14.

［49］Markočič E，Željko Knez. Redlich-Kwong equation of state for modelling the solubility of methane in water over a wide range of pressures and temperatures［J］. Fluid Phase Equilibria，2016，408：108-114.

［50］NAJAFI M J，MOHEBBI V. Solubility measurement of carbon dioxide in water in the presence of gas hydrate［J］，Journal of Natural Gas Science and Engineering，2014，21，738-745.

［51］Böttger A，Álvaro Pérez-Salado Kamps，Maurer G. An experimental investigation of the phase equilibrium of the binary system（methane+water）at low temperatures：Solubility of methane in water and three-phase（vapour+liquid+h-ydrate）equilibrium［J］. Fluid Phase Equilibria，2015.

［52］KIM K，KIM Y，YANG J，et al. Enhanced mass transfer rate and solubility of methane via addition of alcohols for Methylosinus trichosporium OB3b fermentation［J］. Journal of Industrial & Engineering Chemistry，2016.

［53］郭平，欧志鹏. 考虑水溶气的凝析气藏物质平衡方程［J］. 天然气工业，2013，33（1）：70-74.

［54］HUANG T，LI C，JIA W，et al. Application of equations of state to predict m-ethane solubility under hydrate-liquid water two-phase equilibrium［J］. Fluid Phase Equilibria，2016，427：35-45.

［55］周文，陈文玲，邓虎成，等. 世界水溶气资源分布、现状及问题［J］. 矿物岩石，2011，31（2）：73-78.

［56］陆正元，孙冬华，黎华继，等. 气藏凝析水引起的地层水矿化度淡化问题——以四川盆地新场气田须二段气藏为例［J］. 天然气工业，2015，35（7）：60-65.

［57］李跃林，张凤波，曾桃，等. 崖城13-1气田高温气井动态监测与分析技术［J］. 中国海上油气，2017，29（1）：65-70.

［58］JONES C，SMART B G D. Stress Induced Changes in Two-Phase Permeability［C］. SPE 78155，2002.

［59］DUAN Y T，MENG Y F，LUO P Y，et al. Stress sensitivity of naturally fractured-porous reservoir with dual-porosity［C］. SPE 50909，1998.

［60］MCLATCHIE S，HEMSTOCK R A，YOUNG J W. The Effective Com-pressibility of Reservoir Rock and Its Effects on Permeability［C］. SPE 894，1958.

［61］李传亮. 岩石应力敏感指数与压缩系数之间的关系式［J］. 岩性油气藏，2007，19（4）：95-98.

［62］杨胜来，刘伟，冯积累，等. 加压时间对储层岩心渗透率的影响［J］. 中国石油大学学报（自然科学版）2008，32（1）：64-67.

［63］张浩，康毅力，陈一健，等. 岩石组分和裂缝对致密砂岩应力敏感性影响［J］. 天然气工业，2004，24（7）：55-57.

［64］游利军，康毅力，陈一健，等. 考虑裂缝和含水饱和度的致密砂岩应力敏感性［J］. 中国石油大学

学报（自然科学版），2006，30（2）：59-63.

［65］游利军，康毅力，陈一健，等.含水饱和度和有效应力对致密砂岩有效渗透率的影响［J］.天然气工业，2004，24（12）：105-107.

［66］罗瑞兰，程林松，彭建春，等.油气储层渗透率应力敏感性与启动压力梯度的关系［J］.西南石油学院学报，2005，27（3）：20-22.

［67］李传亮.岩石本体变形过程中的孔隙度不变性原则［J］.新疆石油地质，2005，26（6）：732-73.

［68］兰林，康毅力，陈一健，等.储层应力敏感性评价实验方法与评价指标探讨［J］.钻井液与完井液，2005，22（3）：1-4.

［69］于忠良，熊伟，高树生，等.致密储层应力敏感性及其对油田开发的影响［J］.石油学报，2007，28（4）：95-98.

［70］JONES F O.A Laboratory Study of the effects of confining pressure on fracture flow and storage capacity in carbonate Rocks［C］.SPE 4569，1975.

［71］范学平，徐向荣.地应力对岩心渗透率伤害实验及机理分析［J］.石油勘探与开发，2002，29（2）：117-119.

［72］JONES F O，Owens W W.A laboratory study of low permeability gas sands［C］.SPE 3634，1980.

［73］OSTENSEN R.The effect of stress-independent permeability on gas production and well testing［C］.SPE 11220，1986.

［74］Pedrosa.Pressure T ransient response in stress-sensitive formation［C］.SPE 15115，1986.

［75］SOEDDER D J.Porosity，Permeability and pore pressure of the tight mesaverde sandstone，piceance basin，colo rado［C］.SPE 13134，1987.

［76］BERNABE Y.An effective pressure law for permeability in chelmsford granite and barre granite［J］.international journal of rock mechanicsmining sciencesgeomechanics abstracts，1986，23（3）：267-275.

［77］蒋海军，鄢捷年，李荣.裂缝性储层应力敏感性实验研究［J］.石油钻探技术，2000，28（6）：32-33.

［78］薛永超，程林松.微裂缝低渗透岩石渗透率随围压变化实验研究［J］.石油实验地质，2007，29（1）：108-110.

［79］LEI Q，XIONG W，YUAN J R，et al .Analysis of stress sensitivity and its influence on oil production from tight reservoir［C］.SPE 111148，2007.

［80］LIANG B，JIANG H，LI J，et al. Flow in multi-scale discrete fracture networks with stress sensitivity［J］.Journal of Natural Gas Science & Engineering，2016，35：851-859.

［81］ZHANG X B，XU Y C，LIU W H，et al. A discussion of formation mechanism and its significance of characteristics of chemical composition and isotope of water-dissolved gas in Turpan-Hami Basin［J］.Acta Sedimentologica Sinica，2002，20（4）：705-709.

［82］武晓春，庞雄奇，于兴河，等.水溶气资源富集的主控因素及其评价方法探讨［J］.天然气地球科

学，2003，14（5）：416–421.

［83］路春明，袁海燕，董爱中．三湖地区水溶气举升工艺的现场应用［J］．天然气工业，2009，29（7）：92–94.

［84］SUN Z，XU Y，YAO J，et al.Numerical simulation of produced water reinjection technology for water-soluble gas recovery［J］，Journal of Natural Gas Science and Engineering，2014，21，700–711.

［85］ILANI-KASHKOULI P，BABAEE S，GHARAGHEIZI F，et al. An assessment test for phase equilibrium data of water soluble and insoluble clathrate hydrate formers［J］. Fluid Phase Equilibria，2013，360：68–76.

［86］WANG L，YANG S，PENG X，et al An improved visual investigation on gas–water flow characteristics and trapped gas formation mechanism of fracture–cavity carbonate gas reservoir［J］，Journal of Natural Gas Science and Engineering，2018，49：213–226.

［87］CHAPOY A，COQUELET C，RICHON D. Corrigendum to "Revised solubility data and modeling of water in the gas phase of the methane/water binary system at temperatures from 283.08 to 318.12K and pressures up to 34.5MPa"［J］，Fluid Phase Equilibria，2005，230（s 1–2）：210–214.

［88］马勇新，肖前华，米洪刚，等．莺歌海盆地高温高压气藏水溶气释放对气水界面的影响［J］．地球科学，2017，42（8）：1340–1347.

［89］FANG J，GUO P，XIAO X，et al.Gas–water relative permeability measurement of high temperature and high pressure tight gas reservoirs［J］. Petroleum Exploration and Development，2015，42（1），92–96.

［90］LOKARE O R，TAVAKKOLI S，WADEKAR S，et al.Fouling in direct contact membrane distillation of produced water from unconventional gas extraction［J］. Journal of Membrane Science，2017，524，493–501.

［91］JANÈS A，MARLAIR G，CARSON D. Testing of gas flow measurement methods to characterize substances which emit flammable or toxic gases in contact with water［J］. Process Safety and Environmental Protection，2016，100：232–241.

［92］生如岩．水溶解气对水驱气藏开采动态的影响［J］．海洋地质动态，2004，20（1）：25–29.

［93］QIN S，LI F，ZHOU Z，et al. Geochemical characteristics of water-dissolved gases and implications on gas origin of Sinian to Cambrian reservoirs of Anyue gas field in Sichuan Basin［J］. Marine and Petroleum Geology，2017，89：83–90.

［94］GEORGE D S，HAYAT O，KOVSCEK A R. A microvisual study of solution-gas-drive mechanisms in viscous oils［J］. Journal of Petroleum Science and Engineering，2005，46（s 1–2）：101–119.

［95］GUO X，WANG P，LIU J，et al. Gas-well water breakthrough time prediction model for high-sulfur gas reservoirs considering sulfur deposition［J］. Journal of Petroleum Science and Engineering，2017，157：999–1006.

［96］马勇新．东方X气田异常高压气藏压力敏感性研究［D］．武汉：中国地质大学，2017.

［97］XU X, YANG Q, WANG C Y., et al.Dissolved gas separation using the pressure drop and centrifugal characteristics of an inner cone hydrocyclone［J］. Separation and Purification Technology, 2016, 161：121-128.

［98］LI J, LI T, JIANG Q, et al. The gas recovery of water-drive gas reservoirs［J］. Journal of Hydrodynamics, Ser. B, 2015, 27（4）：530-541.

［99］YE Q, SHAN T X, CHENG P. Thermally induced evolution of dissolved gas in water flowing through a carbon felt sample［J］. International Journal of Heat and Mass Transfer, 2017, 108（Part B）：2451-2461.

［100］陈志华, 常森, 朱亚军, 等.苏东41-X区块下古生界气井产水岩石及测井学原因初步评价研究［J］.国外测井技术, 2018, 39（1）：37-41.

［101］王丽影, 杨洪志, 叶礼友, 等.利用可动水饱和度预测川中地区须家河组气井产水特征［J］.天然气工业, 2012, 32（11）：47-50, 117-118.

［102］金文辉, 周文, 赵安坤, 等.苏西盒8气藏气井产水成因剖析［J］.物探化探计算技术, 2012, 34（6）：708-712, 622-623.

［103］樊怀才, 钟兵, 刘义成, 等.三重介质底水气藏非稳态水侵规律研究［J］.天然气地球科学, 2015, 26（3）：556-563.

［104］何晓东, 邹绍林, 卢晓敏.边水气藏水侵特征识别及机理初探［J］.天然气工业, 2006（3）：87-89, 167.

［105］张伟, 韩兴刚, 徐文, 等.苏东气井产水原因分析及控水生产研究［J］.特种油气藏,2016,23（5）：103-105, 156.

［106］郭春华, 周文, 康毅力, 等.靖边气田气井产水成因综合判断方法［J］.天然气工业, 2007（10）：97-99, 142-143.

［107］李元生, 杨志兴, 藤赛男, 等.考虑储层倾角和水侵的边水气藏见水时间预测研究［J］.石油钻探技术, 2017, 45（1）：91-96.

［108］方飞飞, 李熙, 高树生, 等.边、底水气藏水侵规律可视化实验研究［J］.天然气地球科学, 2016, 27（12）：2246-2252.

［109］胡勇, 李熙喆, 万玉金, 等.裂缝气藏水侵机理及对开发影响实验研究［J］.天然气地球科学, 2016, 27（5）：910-917.

［110］李志军, 戚志林, 宿亚仙, 等.基于水侵预警的边水气藏动态预测模型［J］.西南石油大学学报（自然科学版）, 2014, 36（3）：87-92.

［111］崔传智, 刘慧卿, 耿正玲, 等.天然气高速非达西渗流动态产能计算［J］.特种油气藏, 2011, 18（6）：80-84.

［112］HUANG H, AYOUB J. Applicability of the forchheimer equation for Non-Darcy Flow in porous media［J］. SPEJ, 2008, 13（1）：112-122.

［113］LU J, GHEDAN S, ZHU T, et al. Non-darcy binomial deliverability equations for partially penetrating vertical gas wells and horizontal gas wells［J］. ASME J. Energy Resour. Technol., 2011, 133（4）, p. 043101.

［114］ZENG F, ZHAO G. Gas well production analysis with non-darcy flow and real gas PVT behavior［J］. Journal of Petroleum Science and Engineering, 2007, 3: 169-182.

［115］黄小亮, 唐海, 杨再勇, 等. 产水气井的产能确定方法［J］. 油气井测试, 2008, 17（3）: 15-17.

［116］吕栋梁, 唐海, 吕渐江, 等. 气井产水时产能方程的确定［J］. 岩性油气藏, 2010, 22（4）: 112-114.

［117］YANG Y, WEN Q. Numerical Simulation of Gas-Liquid Two-Phase Flow in Channel Fracture Pack［J］. Journal of Natural Gas Science and Engineering, 2017, 17: L33-47.

［118］李晓平, 赵必荣. 气水两相流井产能分析方法研究［J］油气井测试, 2001, 10（4）: 9-10.

［119］李元生, 李相方, 藤赛男, 等. 低渗透气藏产水气井两相产能方程研究［J］. 特种油气藏, 2014, 21（4）: 97-100.

［120］王富平, 黄全华. 产水气井一点法产能预测公式［J］. 新疆石油地质, 2009, 30（1）: 85-86.

［121］张合文, 冯其红, 鄢雪梅. 气水两相流二项式产能方程研究［J］. 断块油气田, 2008, 5（6）: 62-64.

［122］孙恩慧, 李晓平, 王伟东. 低渗透气藏气水两相流井产能分析方法研究［J］. 岩性油气藏, 2012, 24（6）: 121-124.

［123］李晓平. 地下油气渗流力学［M］. 北京: 石油工业出版社, 2008.

［124］李士伦. 天然气工程［M］. 北京: 石油工业出版社, 2008.

［125］LI Y G, XIAO F, XU W, et al. Performance evaluation on water producing gas wells based on gas & water relative permeability curves: A case study of tight sandstone gas reservoirs in the Suilge gas field ［J］. Ordos Basin. Natural Gas Industry B, 2016, 3（1）: 52-58.

［126］LI Y, LI X, SHI J, et al. The Analysis and Interpretation of Parameters on Well Performance of Low Permeability Water-Producing Reservoirs: a Case Study of Daniudi Gas Field［C］. SPE169938-MS, 2014.

［127］MEN X, YAN X, CHEN Y, et al. Gas-water phase flow production stratified logging technology of coalbed methane wells［J］. Petroleum Exploration and Development. 2017, 44（2）: 315-320.

［128］KONDASH A J, AIBRIGHT E, VENGOSH A. Quantity of flowback and produced waters from unconventional oil and gas exploration［J］. Science of The Total Environment. 2017, 574: 314-321.

［129］贾永禄, 匡晓东, 聂仁仕, 等. 考虑应力敏感的产水气井产能方程［J］. 世界科技研究与发展, 2016, 38（1）: 1-4.

［130］黄小亮, 李继强, 雷登生, 等. 应力敏感性对低渗透气井产能的影响［J］. 断块油气田, 2014, 21（6）: 786-789.

［131］ZHU S. Experiment Research Of Tight Sandstone Gas Reservoir Stress Sensitivity Based On The Capillary Bundle Mode［C］. SPE167638-STU. 2013.

［132］QANBARI F，CLARKSON C R. Analysis of Transient Linear Flow in Stress-Sensitive Formations［C］. SPE162741-PA，2014.

［133］OROZCO D，AGUILERA R，A Material Balance Equation for Stress-Sensitive Shale Gas Condensate Reservoirs［J］. SPE177260-MS，2015.

［134］SHAOUL J R，AYUSH A，PARK J，et al.The Effect of Stress Sensitive Permeability Reduction on the Evaluation of Post-Fracture Welltests in Tight Gas and Unconventional Reservoirs［J］. SPE174187-MS，2015.

［135］Mostafa Moradi，Amir Shamloo，Mohsen Asadbegi，et al.Three dimensional pressure transient behavior study in stress sensitive reservoirs［J］.Journal of Petroleum Science and Engineering. 2017，152：204-211.

［136］HUANG X I，GUO X，LU X Q，et al.Mathematical model study on the damage of the liquid phase to productivity in the gas reservoir with a bottom water zone［J］，Petroleum，2018，4（2）：209-214.

［137］魏纳，李颖川，李悦钦，等.气井积液可视化实验［J］.钻采工艺，2007（3）：43-45，149.

［138］穆林，王丽丽，温艳军.气井积液动态分布研究［J］.石油天然气学报（江汉石油学院学报），2005（S2）：144-146，10.

［139］曹光强，周广厚.动能因子—积液高度法诊断气井积液［J］.断块油气田，2009，16（6）：123-125.

［140］何顺利，栾国华，杨志，等.一种预测低压气井积液的新模型［J］.油气井测试，2010，19（5）：9-13，75.

［141］JOSEPH A，SAND C M，AJIENKA J A. Classification and Management of Liquid Loading in Gas Wells［C］. SPE167603-MS，2013.

［142］RIZAM F，HASAN A R，KABIR C S. A Pragmatic Approach to Understanding Liquid Loading in Gas Wells［J］. SPE：170583-MS，2014.

［143］杨志，赵春立，刘雄伟，等.大涝坝凝析油气田气井积液判断与积液深度计算［J］.天然气工业，2011，31（9）：62-64，136-137.

［144］王倩.气井积液及其深度计算举例［J］.中国石油和化工标准与质量，2012，32（6）：180.

［145］于俊波，艾尚军，尉可珍，等.气井积液分析［J］.大庆石油学院学报，2000（2）：5-7，107.

［146］张剑君，赵炜，杨德林.防止气井积液与提高天然气产量的两项实用技术［J］.断块油气田，2000（3）：62-64，72.

［147］赵界，李颖川，刘通，等.大牛地地区致密气田气井积液判断新方法［J］.岩性油气藏，2013，25（1）：122-125.

［148］熊钰，刘斌，徐文龙，等.两种准确预测低渗低产气井积液量的简易方法［J］.特种油气藏，2015，22（2）：93-96，155.

［149］VAN Gool F R，CURRIE P K. An Improved Model for the Liquid-Loading Process in Gas Wells［C］. Society of Petroleum Engineers. SPE106699-MS，2007.

[150] SHI J, SUN Z, LI X. Analytical Models for Liquid Loading in Multifractured Horizontal Gas Wells [C]. SPE1922861-PA, 2016.

[151] JAFAROV T, Al-NUAIM S. Critical Review of the Existing Liquid Loading Prediction Models for Vertical Gas Wells [C]. SPE26526-MS, 2016.

[152] 周朝, 吴晓东, 刘雄伟, 等.深层凝析气藏气井积液预测方法优选 [J].新疆石油地质, 2015, 36 (6): 743-747.

[153] 乔林.新场须二气藏隔气式气水分布特征及开发对策研究 [D].成都: 成都理工大学, 2015.

[154] 孙宁.榆林南区山 2 气藏气井产水机理及排水采气措施研究 [J].应用能源技术, 2016 (10): 24-25, 39.

[155] 李江涛, 柴小颖, 邓成刚, 等.提升水驱气藏开发效果的先期控水技术 [J].天然气工业, 2017, 37 (8): 132-139.

[156] 杨兴华.普光主体气藏边水特征分析及控水技术研究 [D].成都: 西南石油大学, 2016.

[157] 戴勇, 邱恩波, 石新朴, 等.克拉美丽火山岩气田水侵机理及治理对策 [J].新疆石油地质, 2014, 35 (6): 694-698.

[158] 万小进.普光气田主体气藏水侵规律及控水对策研究 [D].重庆: 重庆科技学院, 2015.

[159] 刘蕾.莲花山、张家坪构造须二气藏开发效果分析及水侵特征研究 [D].成都: 西南石油大学, 2014.

[160] 纪艳萍.梁家构造带天然气开发潜力研究 [D].大庆: 东北石油大学, 2014.

[161] 李凤颖, 伊向艺, 刘兴国, 等.河坝飞三有水气藏治水对策研究 [J].特种油气藏, 2012, 19 (4): 92-95, 155.

[162] 李士伦.天然气工程 [M].北京: 石油工业出版社, 2008.

[163] 邓传忠, 李跃林, 王玲, 等.崖城 13-1 气田凝析水产出规律实验研究及预测方法 [J].中国海上油气, 2017, 29 (5): 75-81.

[164] 史兴旺, 杨正明, 张亚蒲, 等.中东 H 油田低渗透碳酸盐岩油藏多层水驱核磁共振实验研究 [J].测井技术, 2017, 41 (5): 523-527.

[165] 肖前华, 张亚蒲, 杨正明, 等.中东碳酸盐岩核磁共振实验研究 [J].科学技术与工程, 2013, 13 (22): 6415-6420.

[166] 代全齐, 罗群, 张晨, 等.基于核磁共振新参数的致密油砂岩储层孔隙结构特征: 以鄂尔多斯盆地延长组 7 段为例 [J].石油学报, 2016, 37 (7): 887-897.

[167] 白松涛, 程道解, 万金彬, 等.砂岩岩石核磁共振 T_2 谱定量表征 [J].石油学报, 2016, 37 (3): 382-391, 414.

[168] 罗少成, 成志刚, 林伟川, 等.基于核磁共振测井的致密砂岩储层孔喉空间有效性定量评价 [J].油气地质与采收率, 2015, 22 (3): 16-21.

[169] 王振华, 陈刚, 李书恒, 等.核磁共振岩心实验分析在低孔渗储层评价中的应用 [J].石油实验地质, 2014, 36 (6): 773-779.

［170］付晓泰，王振平，卢双舫，等.天然气在盐溶液中的溶解机理及溶解度方程［J］.石油学报，2000（3）：89-94，112.

［171］付晓泰，王振平，卢双舫.气体在水中的溶解机理及溶解度方程［J］.中国科学（B辑化学），1996（2）：124-130.

［172］DANESH A，PVT and Phase Behaviour of Petroleum Reservoir Fluids［M］.ELSEVIER SCIENTIFIC PUBLISHING COMPANY，2007.

［173］张瀚丹.水溶性气藏数值模拟研究［D］.成都：西南石油大学，2007.

［174］戚涛.M气田水体能量评价及开发策略［D］.成都：西南石油大学，2014.

［175］张耀中.黄龙场长兴组气藏开发调整对策研究［D］.重庆：重庆科技学院，2017.

［176］余启奎，宿亚仙，李正华，等.普光气田裂缝—孔隙型储层气藏水侵识别标准的建立［J］.石化技术，2016，23（5）：191.

［177］康晓东，李相方，张国松.气藏早期水侵识别方法［J］.天然气地球科学，2004（6）：637-639.

［178］刘云.气藏水侵早期识别方法及水侵量计算研究［D］.成都：成都理工大学，2011.

［179］蒋琼.水驱气藏采收率研究［D］.成都：西南石油大学，2015.

［180］MANSHAD A K，NOWROUZI I，Mohammadi A H. Effects of water soluble ions on wettability alteration and contact angel in smart and carbonated smart water injection process in oil reservoirs［J］. Journal of Molecular Liquids，2017，244：440-452.

［181］RANDI A，STERPENICH J，MORLOT C，et al.CO$_2$-dissolved : A novel concept coupling geological storage of dissolved CO$_2$ and geothermal heat recovery – Part 3: Design of the MIRAGES-2 experimental device dedicated to the study of the geochemical water-rock interactions triggered by CO$_2$ laden brine injection［J］. Energy Procedia，2014，63：4536-4547.

［182］CAUMON M C，DUBESSY J，ROBERT P，et al. Microreactors to measure solubilities in the CO$_2$-H$_2$O-NaCl system［J］. Energy Procedia，2017，114：4843-4850.

［183］SoreideI.，and WhitsonC.H. Peng Robinson predictions for hydrocarbons，CO$_2$，N$_2$ and H$_2$S with pure water［J］.Fluid Phase Equilibria，1992，77，217-240.

［184］ZAYTSEV I D，ASEYEV G G. Properties of Aqueous Solutions of Electrolytes［M］.Boca Raton，Florida，USA CRC Press，1993.

［185］QANBARI F，CLARKSON C，Analysis of Transient Linear Flow in Stress-Sensitive Formations［J］. SPE Reservoir Evaluation & Engineering，2013，17（1）：98-104.

［186］FANG Y，YANG B，Application of New Pseudo-Pressure for Deliverability Test Analysis in Stress-Sensitivity Gas Reservoir［C］. SPE 167638，2009.

［187］Sabti M，Alizadeh A H，PIRI M. Three-Phase Flow in Fractured Porous Media : Experimental Investigation of Matrix-Fracture Interactions［C］. SPE1922861，2016.

［188］向耀权，辛松，何信海，等.气井临界携液流量计算模型的方法综述［J］.中国石油和化工，2009（9）：55-58.

［189］王琦.水平井井筒气液两相流动模拟实验研究［D］.成都：西南石油大学，2014.

［190］江鸣，吕宇玲，郝常利，等.高气液比倾斜管临界携液流速研究［J］.化学工程，2018，46（6）：53-56，67.

［191］明瑞卿，贺会群，胡强法.基于紊流条件下的气井临界携液流量计算模型［J］.地质科技情报，2018，37（3）：248-252.

［192］郭布民，敬季昀，周彪.计算气井临界携液流量的新方法［J］.石油化工应用，2018，37（2）：63-68.

［193］潘杰，王武杰，魏耀奇，等.考虑液滴形状影响的气井临界携液流速计算模型［J］.天然气工业，2018，38（1）：67-73.

［194］何玉发，李紫晗，张滨海，等.深水气井测试临界携液条件的优化设计［J］.天然气工业，2017，37（9）：63-70.

［195］李元生，藤赛男，杨志兴，等.考虑界面张力和液滴变形影响的携液临界流量模型［J］.石油钻采工艺，2017，39（2）：218-223.

［196］Xiaoliang Huang, Xiao Guo, Xiang Zhou, Chen Shen, Xinqian Lu, Zhilin Qi, Qianhua Xiao, Wende Yan, Effects of water invasion law on gas wells in high temperature and high pressure gas reservoir with a large accumulation of water-soluble gas, Journal of Natural Gas Science and Engineering, 2019, 62: 68-78.

［197］Xiaoliang Huang, Xiao Guo, Xiang Zhou, Xinqian Lu, Chen Shen, Zhilin Qi and Jiqiang Li, Productivity Model for Water-Producing Gas Well in a Dipping Gas Reservoir With an Aquifer Considering Stress-Sensitive Effect［J］. Journal of Energy Resources Technology. 2019, 141（2）: 022903-022903-9.

［198］严文德，黄小亮，袁迎中.溶解气对气水界面的影响的数值模拟研究［J］.重庆科技学院学报（自然科学版），2019，21（01）：30-33.